百年时尚珠宝设计
Vintage Jewellery

[英] 卡罗琳·柯克斯（Caroline Cox） 著

王陶均 译

东华大学 出版社·上海

图书在版编目（CIP）数据

百年时尚珠宝设计／（英）卡罗琳·柯克斯著；王陶均译.——上海：东华大学出版社，2019.5

ISBN 978-7-5669-1552-8

Ⅰ.①百… Ⅱ.①卡… ②王… Ⅲ.①宝石－设计 Ⅳ.①TS934.3

中国版本图书馆CIP数据核字（2019）第082876号

Published in 2010 by Carlton Books Limited

20 Mortimer Street

London W1T 3JW

Text © Caroline Cox 2010

责任编辑 谢 未

装帧设计 王 丽 鲁晓贝

百年时尚珠宝设计
BAINIAN SHISHANG ZHUBAO SHEJI

著 者：（英）卡罗琳·柯克斯

译 者：王陶均

出 版：东华大学出版社

（上海市延安西路1882号 邮政编码：200051）

出版社网址：dhupress.dhu.edu.cn

天猫旗舰店：http://dhdx.tmall.com

营销中心：021-62193056 62373056 62379558

印 刷：深圳市彩之欣印刷有限公司

开 本：889 mm×1194 mm 1/16

印 张：13.75

字 数：484千字

版 次：2019年5月第1版

印 次：2019年5月第1次印刷

书 号：ISBN 978-7-5669-1552-8

定 价：298.00元

Vintage
Jewellery

Caroline Cox

目 录

前言：格尔达·弗洛克金格勋爵

饰品应该是人类最早的时尚产物，其产生甚至可能早于服装，自然也要早于文字和语言。珠宝的产生一定来自人类的本能需求，这种需求仅次于食物、住所和性。早在远古时期，人类就已从石头、动物角、骨骼、贝壳、木头、布料、化石或金属等材料中制作出用于佩戴的饰品，而发掘出的一些样本则追溯至史前时代。时移世易，饰物的样式发生了巨大的变化，人们佩戴个人饰品的目的也与之前大有不同，各式各样的配饰和饰品不断推陈出新。1952年，我突然下决心要设计出伦敦最与众不同的珠宝，而之前这些概念还未曾出现在我的脑海中。

在求学过程中，我游历了欧洲。8岁时我去巴黎参观了卢浮宫，看到了各式珍宝。我的母亲是一名时尚设计师，她一直带着我在巴黎参观时尚收藏品。1951年，我在巴黎现代艺术博物馆第一次欣赏到乔治·富凯（George Fouquet）精美绝伦的装饰珠宝。20世纪50年代初，我在意大利各地游历，尽管二战的疮痍触目惊心，游览观光更不甚繁荣，但是我们已经能够欣赏到现代设计风格在应用艺术和无与伦比的古典珍宝上的体现。在罗马的朱利亚别墅博物馆（Villa Giulia），我一睹了伊特拉斯坎（Etruscan）珠宝珍藏的风采，作为当时唯一的参观者，我可以随心所欲地与珠宝珍藏品独处一室。

1952年的一个夏夜，在意大利的拉韦纳，我决定从事珠宝设计，我想以一种全英格兰闻所未闻的现代风格设计珠宝，但我当时对自己的水平完全没有了解。尽管有所畏惧，但我的决心依然战胜了恐惧，最终学习和掌握了这门完全陌生的技能。非常幸运，我最终选择进入中央圣马丁艺术学院（Central School of Arts and Crafts）学习，因为该校当时仍然给予学生极大的自由来安排自己的学习，并且拥有众多非常出色的艺术家专门指导珠宝设计专业的学生。如此一来，我便能够从入学之初就打磨自己的理念。

我所使用的技艺都是自己摸索出来的。虽然我的工作一向艰苦，但我的技艺仍随着时间和经历不断精进。我的创作以"融合"为根基，我认为最重要的是理念，技艺本身并无趣味可言。

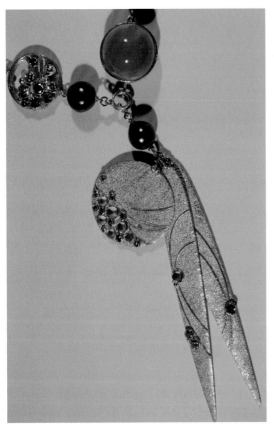

左上图：这是一款1998年的18克拉黄金手镯，镶嵌一颗金色的月长石、多颗黑珍珠及彩钻。她的作品中经常用到电气石、托帕石、海蓝宝石、月长石以及蛋白石和琥珀等材料。一般情况下，格尔达会亲自进行切割，而后巧妙地搭配上一些彩色珍珠和钻石。

右图（上至下）：上图为一枚1969年的18克拉黄金戒指，镶嵌一颗弧面米黄色石英石与两颗粉色弧面小电气石；中图为一枚1989年的18克拉黄金戒指，镶嵌一颗卵型粉色弧面电气石和两颗黑钻；下图为一枚2006年的18克拉彩钻黄金戒指。

"格尔达·弗洛克金格是这个国家珠宝设计复兴的领军人物之一。没有她榜样式的想象、创新和激励，而后的珠宝设计发展是无法实现的。她为之后的出色女性珠宝工匠开辟了新的道路，是她带领着我们点燃了珠宝复兴之火。"

——罗伊·斯特朗，作家及历史学家

1900—1910年　1910年代　　1920年代　　　1930年代　　　1940年代

简介

无论是光影交辉的海瑞·温斯顿钻石，还是乳玉珠光的马氏贝珍珠，又或是温婉的维多利亚玫瑰金戒指，再或是冷清高傲的装饰艺术派铂金首饰，人类一直本能地用精美的珠宝来装饰自己。我们不断地为饰品发挥想象力，而当我们将宝石这种不可思议的魔力施加其中，奇迹出现了。自人类文明始初，我们就不断赞颂珍稀宝石的精美。在为一颗蛋白石所散发出的斑斓光芒倾倒后，古罗马著名作家、哲学家老普林尼（Pliny the Elder）专门为这颗宝石写下了一首颂词：

欧泊石的光芒中，
你似看见炙热的红宝石，
迷人的紫水晶、海绿色的翡翠石，
那斑斓色彩美妙交融，
闪耀出令人惊叹的光芒。
这光芒似画家的着色，
和燃烧着的烈焰。

神奇的欧泊石也深深吸引着新艺术派的设计师，比如乔治·富凯（George Fouquet）和穆尔勒·贝

纳特（Murrle Bennett）。正如本书所述，他们不断探索这些后来风靡了几个世纪的神奇宝物。

尽管珠宝曾是最古老的货币形式，但它绝不仅是财富和社会地位的象征。异教徒相信，把绳子系在死者的脖颈会"拴住"其灵魂以防止飞走。到"美好年代"时期，人们炫耀着从富有的情人们手中得到的各式珠宝，珠宝一直是时代精神的最佳展现。玛丽莲·梦露在电影《绅士爱美女》（1953年）中一曲《钻石是女孩最好的朋友》将人们的文化痴迷与珠宝真正联系起来。而格蕾丝·凯丽佩戴的精美珍珠项链也是她贵族气质的象征。伊丽莎白·泰勒和理查德·波顿的爱情故事在理查德赠予泰勒的众多珍贵珠宝的见证下为世人所知，其中就包括漫游者珍珠项链。而这对伉俪的现代版，布拉德·皮特和安吉丽娜·朱莉近来却作出了不同寻常的选择。2009年，他们与来自伦敦的珠宝品牌爱丝普蕾联手设计了名为"保护者"的系列珠宝，而该系列珠宝的销售收益将捐献给战争儿童教育合作组织。

| 1950年代 | 1960年代 | 1970年代 | 1980年代 | 1990年代至今 |

值得我们探索的珠宝种类是繁多的，比如戒指，它从一种拥有权的象征发展成身份地位的标志。在20世纪90年代嘻哈名流佩戴的标准尺寸宝石戒指之后，凯瑟琳·普罗沃和玛丽·海伦一类富有创造力的设计师的新颖作品也相继出现。胸针是唯一一种以衣物为载体，同时也是最能够显示个人特质的珠宝首饰。维多利亚女王钟爱胸针，她拥有一组来自杰拉德珠宝品牌的三枚弓形胸针，直到今天仍然能看到伊丽莎白二世女王偶尔佩戴。1949年，鬼才萨尔瓦多·达利设计了一款以红宝石为嘴唇、珍珠为牙样式的胸针，看上去犹如要跃过衣领狠狠咬上一口。而耳环很有意思，以它的长度来看，似乎在流行短发后露出的耳垂成了耳环最佳的展示位置。20世纪20年代，清爽的波波头开始流行，三角形和梯形耳环将都市生活的无限活力完美展现，女性看上去犹如美丽的机器人。80年代，随着品牌标志形耳饰风靡，香奈儿双C装饰仿金耳钉迅速确立了其时尚权威地位。

21世纪，珠宝首饰并未有更独具匠心的作品出现，但人们也欣喜地看到时尚界名望极高的公司已经致力于高级珠宝领域的发展。统治奢侈品市场数代之久的卡地亚和宝格丽也受到了来自范思哲、古驰和迪奥的挑战。亚历山大·麦昆的先锋派设计师肖恩·利尼充分利用时装周等活动展示各系列值得收藏的精美佩饰珠宝。如果你需为自家做点私密装饰，你可以选择巴特勒·威尔森珠宝，该品牌从20世纪70年代就开始制作优质人造珠宝，现在人们已经可以通过远程电视购物一键购买。

本书记述了珠宝的百年历史，并颂扬了杰出的珠宝设计师和珠宝商，其中包括一些重要的人造珠宝制造商、出色的珠宝手工匠人和先锋派设计师。书中的图例充分满足了读者感官和视觉感受，也满足了读者们精心鉴赏每一种珠宝风格和了解设计师的需要，最终帮助你确定自己收藏喜好的方向。请尽情欣赏！

1890—1910年：
华丽的颓废主义

卡地亚（Cartier）、法贝热（Fabergé）、蒂芙尼（Tiffany & Co.）、宝诗龙（Boucheron）……提起这些耀眼的名字，人们脑海中总会浮现出璀璨的钻石、熠熠的珍珠，以及透亮的翡翠与红宝石。这些品牌20世纪初就拥有强大的号召力，这完全得益于工厂主与大城市中产阶层的崛起。他们赚取了大量的"新财富"，可谓腰缠万贯。

各大珠宝公司都有自己的金字招牌，珠宝设计师为了佣金而制作首饰——这都是现代社会才有的概念。而在过去，最上乘的珠宝都为皇室贵族所有，作为"传家宝"一代代地传承下来，并根据各个时代的不同品味与潮流而重新镶嵌、切割。随着那些挥金如土的"上层中产阶级"的崛起，为了凸显自身地位，他们对珠宝的需求不再仅仅是嵌在底座上的宝石，还十分重视珠宝设计师的名号。

这一时期，最负盛名的珠宝公司都巩固了自己在国内外的地位。时至今日，这些品牌依然统治着整个市场。与此同时，以雷内·拉力克（Rene Llique）、菲利普·沃尔弗斯（Phillippe Wolfers）与约瑟夫·霍夫曼（Josef Hoffman）为首的一些珠宝设计师则另辟蹊径，对珠宝艺术大胆创新。尽管相对小众，他们的作品在日后还是吸引了世界各地的拥趸。

这些珠宝常与轻薄的丝绸、柔软的双绉和细褶蕾丝搭配，为爱德华时代的时尚风格赋予了一丝前所未有的性感气息。为了塑造出宛如"球形鸽"的S形曲线，女性的身体一直要被厚重的紧身衣和饰有缎带的性感服装包裹。这种装扮很有挑逗性，塔夫绸衬裙与沉重的外撑裙底部轻轻摩擦发出的沙沙声令坠入情网的情郎心驰神往。在白色珠宝的完美映衬下，奶油色、灰色和淡紫色更显夺目，令铂金底座周围镶嵌的钻石大放异彩。这一时期，最受瞩目的珠宝当数亚历山德拉王后佩戴的珍珠贴颈项链，一排排珍珠围绕于纤细白嫩的颈部周围，绽放出璀璨夺目的光芒。这一时期的时尚亦是变幻无常，提前呈现出1920年代的开放风格，新艺术派设计中的"之"字形曲线便是一个很好的例证。

美好年代

在这一时期，巴黎是举世闻名的奢靡之都。在第一次世界大战之前，巴黎还是情欲享乐的中心。意大利作家埃德蒙多·德·亚米契斯（Edmondo de Amicis）就曾为巴黎"林荫大道"上的繁盛景象深深折服，他写道："窗户、商店、广告牌、大门、墙面拔地而起，宽阔非常，还镀上了银色、金色的漆面，打上了灯光。各种宏伟的景象争奇斗艳，几近疯狂，令人目不暇接。"最后，他认为巴黎是个"风情万种的繁荣之城、富饶有情调的花花世界，（在这里）生活的意义只在于寻求愉悦和荣耀"。

众多国际名流和交际女王都在巴黎粉墨登场，这其中就包括"美人"奥特萝（La Belle Otero）、利亚纳·德·普齐（Liane de Pougy）和埃米利安·德·阿朗松（Emilienne d'Alençon），她们被称为"grandes horizontales"（法语，意为高级妓女），并且凭借自身的机智和狡猾骗取众多追求者的大批钱财。西班牙舞女卡罗琳·奥特萝（Caroline Otero，1868—1965年）的情人就包括英国国王爱德华七世、威尔士亲王、西班牙国王阿方索十三世和俄国沙皇尼古拉，她从他们手中捞取了一批举世闻名的珠宝藏品。正如奥特萝所说："卡地亚的客户没有丑陋的人。"这家史上最显赫的珠宝商之一位于巴黎和平街13号，奥特萝莅临这个雅致奢华的精品店时当然受到了热烈欢迎。

卡地亚为奥特萝打造了一款精美卓绝的胸饰，其造型环绕她的整个上半身，底部悬吊着闪闪发光的吊饰。这款珠宝是将价值1000万法郎的珍贵宝石镶嵌在纯金框架上制作而成，底部悬挂了30颗硕大的钻石，正如一位亲眼所见的人描述，这些钻石"就像一颗颗巨大的泪滴"。一串串的钻石以大颗钻石搭扣固定在胸前。这样一件令人垂涎的珠宝不得不储藏在银行金库中，当奥特萝需要佩戴它时，必须在两个全副武装的宪兵护送下，用加固马车送到她的化妆室中。从奥特萝佩戴的卡地亚饰品可以明显看出，她是可以被购买的，但价格无比高昂，而她那些璀璨华丽的珠宝也彰显了她无限的性感魅力。

奥特萝对饰品的选择也体现了主流社会在这一时期对珠宝的态度。新艺术派或许更符合艺术大众的口味，但在爱德华时期，令人为之倾心的不仅仅是珠宝的镶嵌工艺，更是一颗颗耀眼的珠宝。正当人们对大颗钻石热切渴望之时，钻石切割技术的进步也改善了

宝石的棱镜效果，若能佩戴上这些珠宝去往令众多女性魂牵梦萦的Maxim's，女性的优雅又能因此增添一丝傲人的光彩。值得一提的是，The Omnibus Bar的每面墙壁都装有镜子，用来反射贵妇蓝黑色头发上镶钻羽饰的闪耀光芒。交际场上，"美人"奥特萝和利亚纳·德·普齐两大交际花之间最著名的一次邂逅也正是发生在此地。奥特萝将她的所有珠宝佩戴于一身，身着一袭深V礼服，惊艳四座。她从头发到脚踝，全身都戴满珍贵珠宝，包括三条珍珠项链（其中一条曾为奥地利女皇拥有）和10个弧面型红宝石发夹。事前得知这一消息的利亚纳则选择了一条简洁的白色礼服，颈部佩戴了一条钻石吊坠，身边的侍女随从则携带着她的其他珠宝，下面衬上了黑色的天鹅绒衬垫。相比之下，奥特萝瞬间显得俗气起来。

第10页图：亚历山德拉王后以一条珍珠钻石贴颈项链引领了爱德华时期的时尚风潮。1889年她选择的珠宝风格更能突出她纤细的颈部。

右页下图：乔治·杰森（Georg Jensen，1866—1935年）是20世纪早期变革珠宝设计的新一批艺术家兼工匠之一。图中的两枚胸针均由纯银打造，一枚镶有琥珀、孔雀石和绿玉髓，于1904年制成；另一枚镶有珍珠和珊瑚，于1909年制成，两者均表现了杰森对历史主义的摒弃。

右图："美人"奥特萝，西班牙著名舞女和交际花，情人无数，因此收获了众多珠宝，乐于在各种公开场合炫耀她的珠宝。

艺术珠宝

"美人"奥特萝之类的女性或许已经以玩世不恭的态度检验了工业革命的效果，而工艺美术运动之父威廉·莫里斯则对其充满了悲悯和厌恶之情。作为应用艺术的提倡者，他担心机械生产的崛起会令精湛的手工艺品永远被批量生产的劣质廉价品替代。莫里斯和志同道合的艺术家都建立了自己的作坊，手工制作和生产精美的商品，20世纪初最精致的珠宝也出自这些艺术大家之手。他们坚信，即使是在现代都市的繁忙街道上，卓越的工艺也定能占据一席之地。

自文艺复兴时期起，在等级森严的文化生产中，美术和建筑一直处于创意成就和应用艺术这个金字塔的最高点，珠宝却处于较低的地位。人们普遍认为，真正的艺术拥有纯粹的审美而非实用功能，因此，在地位上，为时尚而创作的图像远比画布上的图像要卑微。工艺美术运动及其必然衍生的新艺术派却否定了这些观念。艺术不一定要存在于画廊中，它可以是小规模的、时尚而精致的，可以是一套由闪烁的蛋白石制作而成的精美首饰，也可以是一枚由月长石点缀的形如蛇蝎美女的胸针。对这些设计师来说，一件作品的美学意义要比所选材质的内在价值重要得多，这在新艺术派的设计中尤其明显，其设计使用了大量的次等宝石，例如紫晶、黄晶、橄榄石和淡水珍珠。设计师认为，对于镶嵌工艺和顶级宝石的极致追求令主流珠宝设计的创造力荡然无存，他们决意要掀起一场变革。

这些思想对20世纪的珠宝设计产生了翻天覆地的影响，才华横溢的艺术家纷纷进入珠宝行业，从而改变了相关的职业地位。过去，必须获得客户的批准才能成为宝石镶嵌师，如今，这些人已化身真正的珠宝艺术家，对珍贵稀有的金属和宝石有着自己独到的见解。

上图：这幅1898年的海报属于新艺术派，是平面设计师阿道夫·海恩斯坦（Adolfo Hohenstein）为Calderoni珠宝设计的广告作品。Calderoni于1840年在意大利米兰成立，历史悠久，2006年被玳美雅（Damiani）收购。

新艺术运动

在被称作"美好年代"（1890—1910年）的时期，充满新艺术风格的、鞭绳式的曲线和繁复精美的阿拉伯式图案在珠宝设计中十分常见。新艺术风格错综复杂、引人注目，源于蜻蜓、孔雀、鬼面天蛾等反复出现的图案带来内在的异域风情，结合了对法国象征主义的幻想试验，艺术家奥布里·比亚兹莱（Aubrey Beardsley）令人沉醉的艺术作品和捷克艺术家穆夏（Alphonse Mucha）刻画的蛇蝎美女都对新艺术的诞生产生了深远影响。新艺术运动是20世纪出现的首个国际性设计运动，在各国也有不同的名称，德国称之为"青年风格"，维也纳称之为"分离派"，在西班牙又被称为"年轻风格"，在美国，因其与路易斯·康福特·蒂芙尼（Louis Comfort Tiffany）的作品息息相关，又被称作"蒂芙尼风格"。新艺术风格的曲线美学不仅被巴塞罗那的安东尼·高迪（Antoni Gaudí）、布鲁塞尔的维克多·奥赫塔（Victor Horta）应用于大型建筑工程中，也广泛出现在巴黎的赫奈·拉理科和布鲁塞尔的菲利普·沃尔弗斯（Philippe Wolfers）的私人珠宝设计之中。

新艺术风格的珠宝之所以与众不同，是因为它们摒弃了19世纪的复古派风格，打破了"钻石的专制"，艺术家开始将目光投向自然，以此寻求灵感。19世纪中叶，日本传统艺术的传播让众多艺术家感受到了不对称美、简单的设计组成以及简约的线条使用，这些思想与波德莱尔神秘颓废的象征主义相结合，催生了一种全新的美学理念。

许多新艺术派的珠宝饰品都将有机形式融入日本传统艺术，选择以小型宝石镶满整件作品，不像维多利亚时期只使用璀璨的单颗宝石。因其不规则的外形以及蛋白石绽放的独特乳白色光彩不同于钻石的冷艳光芒，巴洛克珍珠或淡水珍珠大受热捧。设计师还采用了金属和次等宝石的全新组合，经过珐琅工艺的装饰，色彩更为突出，极富光泽，对比柔和。将石英粉、碳酸钾和金属氧化物与着色剂混合，便形成这种玻璃状的材质，是传统日本艺术的一大特色，日本人用以存放必需品的装饰盒"印笼"就是一个典型的例子。得益于新艺术派设计师的发现，珠宝的金属表面也采用了这种设计，同时使用了以下各种复古主义工艺：

·透底珐琅：在金属表面烧制玻璃珐琅，金属表面已经过深度雕刻，在高温环境下能够保持表面的珐

琅，并具有足够的边缘厚度，避免不同颜色的混合。

·内填珐琅：底部金属经过蚀刻或雕刻处理，再用珐琅填满，加以抛光后形成平坦表面。

·掐丝珐琅：用金属丝掐出珐琅图案，常用于彩色玻璃窗的装饰。

这种全新的珠宝通常将有机图案运用得淋漓尽致，例如藤蔓、睡莲、鸢尾花和银莲花，这些植物的卷须都能被生动地刻画出来，充满动感。同样，动物图案也被运用于细腻繁复的设计之中，以体现自然的二元性。一些动物动静皆宜，例如天鹅、燕子和孔雀，另一些则充满威胁，例如蛇、蝙蝠、神话中能喷火的巨龙、邪恶的秃鹰和黄蜂。

上图： 这幅名为 *La Plume* 的海报由穆夏创作于1899年，画中神秘的新艺术派蛇蝎美女拥有一股自然力量，卷曲的长发与20世纪早期的珠宝设计中特有的鞭绳式曲线相呼应。

菲利普·沃尔弗斯（Philippe Wolfers）

作为新艺术运动风潮最为流行的城市之一，布鲁塞尔到处都散发着新艺术的气息。维克多·奥赫塔（Victor Horta）和亨利·凡·德·费尔德（Henri van der Velde）等建筑师都为最先锋前卫的建筑工程找到了热情的赞助人，例如维克多·奥赫塔设计的塔塞尔公馆。而比利时繁盛的工业经济也意味着很多人都能消费得起昂贵的高级珠宝。

菲利普（1858—1929年）的父亲是金匠大师路易斯·沃尔弗斯（Louis Wolfers）。1875年，他进入父亲的首饰作坊当学徒，接受了丰富的珠宝制作技艺训练。1880年代，他便开始制作一系列的金银执壶，还在上面饰以新艺术风格的不对称图案，这对他从1890年开始在自己的作坊中制作珠宝产生了深远的影响。1900年，他的珠宝系列在巴黎艺术沙龙展上展出，成就斐然。

在菲利普·沃尔弗斯创作的众多珠宝中，新艺术派随意单调的曲线都变成了夸张的奢靡风格。他尤其喜欢使用"蛇蝎美女"的主题，这个象征主义的关键图案在新艺术派的设计中依然十分流行。人们认为，蛇蝎美女拥有无法阻挡的致命魅力，任何被她吸引的男人都会走向死亡，这也反映出社会对女性的成见，令人联想起夏娃和伊甸园的禁果。进入20世纪，随着女性为争取选举权和投票权而进行各种激烈运动和抗争，给男性主权主义敲响了警钟，蛇蝎美女的形象便迅速流行起来。这些女性和19世纪大部分时期谦卑温顺的家庭主妇截然不同。女性在社会、政治和性别上的自我觉醒（正如精神分析学之父——来自维也纳的西格蒙德·弗洛伊德——在他的著作中所说）令男性开始

退缩，他们的思想也被古老的恐惧侵占，充满神秘魅惑和致命危险的蛇蝎美女重新回归了。

蛇蝎美女的形象多次出现在沃尔弗斯的珠宝中，例如他设计的美杜莎吊坠，妖艳无比的美女被一群诡异的蝙蝠、昆虫和蛇包围。还有镶满珍珠的蜻蜓胸针；用珐琅和黄金制成的兰花发饰则镶嵌了钻石和红宝石，充满异域风情。比利时在刚果的进驻为本国带来了十分充足的象牙供应，值得一提的是，沃尔弗斯是首批使用象牙的现代设计师之一。他的作品以巧夺天工的技艺著称，他对透光珐琅工艺的运用更是登峰造极，这是一种最难完成的珐琅工艺，先将金银细丝嵌入富有光泽的珐琅之上，烧制过后再将底板的金属剥离，从而营造出半透明的效果，如同光线透过彩色玻璃窗形成的五彩光影，透光珐琅的名称由此而来。

下图：新艺术派设计师为珠宝赋予了一种全新美学，他们不再依赖于使用昂贵的宝石进行绚丽的镶嵌，而是选择了独特的次等宝石，同时结合牛角等价格低廉的材料。拉理科在1903—1904年设计的蜻蜓发梳头饰，就结合了牛角、浇注玻璃、瓷漆金、火蛋白石等多种材料。而沃尔弗斯设计的吊坠（见下图）则以神秘为主题，低调地使用了各种柔和色调。

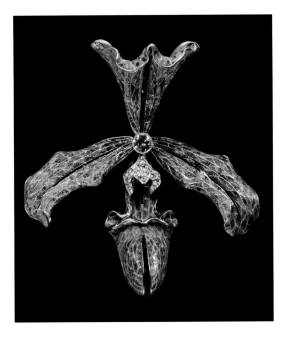

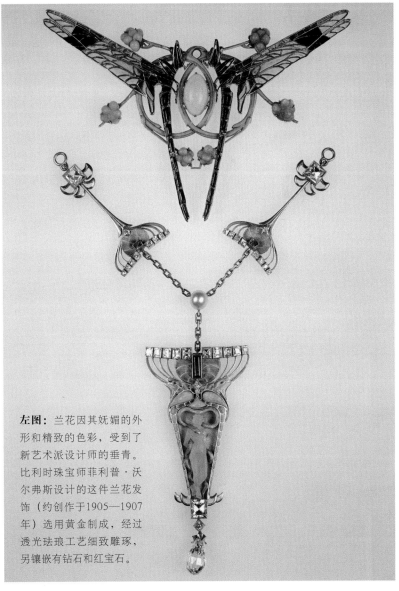

左图：兰花因其妖媚的外形和精致的色彩，受到了新艺术派设计师的垂青。比利时珠宝师菲利普·沃尔弗斯设计的这件兰花发饰（约创作于1905—1907年）选用黄金制成，经过透光珐琅工艺细致雕琢，另镶嵌有钻石和红宝石。

赫奈·拉理科（René Lalique）

著名的玻璃大师拉理科（1860—1945年）是提倡新艺术派珠宝的伟大人物之一。1860年，拉理科出生于法国马恩一个名为艾河的村庄。1874年，拉理科的父亲去世，之后他前往巴黎，成为了金匠路易斯·奥克（Louis Aucoc）的契约学徒，学习珠宝制作，并于1885年开设了自己的珠宝店。他是一位创新者，早在1895年企业家萨穆尔·宾（Samuel Bing）设立名为"新艺术之家"的商店之前，他就凭借对新艺术派美学流畅自如地运用声名远播。拉理科为萨穆尔·宾委托创制的作品让新艺术派走向了国际市场，影响了一整代年轻的珠宝工匠，包括卢西恩·盖拉德（Lucien Gaillard），他以对铜锈的创新运用闻名业内。

拉理科的设计十分妩媚奢华，将玻璃、银、珐琅、金和乳白色珍珠进行了完美结合。来源于罂粟的罂粟花这一图案常常出现在拉理科的作品中，尤其是无处不在的蛇蝎美女的发饰上。在其中一款吊坠中，充满恶意的脸庞由乳白色的玻璃制成，卷曲的长发上则点缀了四朵罂粟花。拉理科十分喜爱使用长发，从其作品中可见一斑。他将长发视为勾引男人的陷阱，不禁令人联想起诗人史文朋（Swinburne）的诗歌《维纳斯赞》，其将蛇蝎美女的魅惑与危险描写得淋漓尽致：

啊，我的双唇感觉到了你的双唇，
你的纤纤玉手和秀发围绕在我的脖间，
你的双手让我窒息，你的长发刺痛了我，
于无声无息间将我勒住。

拉理科的胸饰和项链吊坠也十分有名，这种吊坠垂置于胸骨前的珠宝形式起源于古埃及。最绚丽的珠宝上交错盘踞了九条蛇，蛇口大张，露出锋利的尖牙，身体则巧妙地构成了一个绳结，展露在外。

拉理科总是在不断创新，他也是20世纪少有的能够将牛角设计成各种神奇形状的珠宝工匠之一。拉理科对牛角情有独钟，是因为牛角质轻，颜色呈半透明，同时经久耐用。起先，他从当地的屠宰场买来了少量的牛角，后来他发现这种最低廉、最不起眼的材质可以打造成极富美感的物体，例如镶嵌了紫晶和绿玉髓的牛角发梳（绿玉髓是一种玉髓石英，含有镍，因而呈现出独特的苹果绿颜色）和1900年以秋叶花环为主题的简洁璀璨的牛角钻石发饰。在1900年的巴黎万国博览会上，与拉理科处于同时代的珠宝设计师亨利·韦华（Henri Vever）这样描述他首次见到拉理科的珠宝作品时的场景："我感到一阵战栗，看到这些精美的珠宝就仿佛在做梦一样。一只雄鸡的嘴间含着一颗硕大的黄色钻石，一只有着女性身体和透明双翅的巨大蜻蜓，珐琅绘制的乡村图景，钻石露珠闪烁着微光，还有松果一样的装饰物。"

乔治·富凯（Georges Fouquet）

富凯珠宝厂（Le Maison Fouquet）由阿尔丰斯·富凯（Alphonse Fouquet，1828—1911年）创立于1860年，是世纪之交最为宏伟的巴黎珠宝店，以具有浓厚新文艺复兴特色的珠宝镶嵌工艺著称。在新艺术派盛行的时期，珠宝厂也开始在珠宝设计中采用蛇蝎美女和蜻蜓等主要图案，但第一件作品并没能

右页图：拉理科的蛇形瓷漆金胸饰体现了一种戏剧性的表现方式，深受当红女演员莎拉·伯恩哈特（Sarah Bernhardt）的喜爱。在另一款设计中，还有一串串珍珠悬挂在蛇口中。

下图：赫奈·拉理科在1898—1900年间创作的两件珠宝作品。左边是经典的牛角发饰，源自于将日常用品改造为小型艺术品的灵感。右边的吊坠由带有黑锈的银制成，乳白色的玻璃上是一副幽灵般的脸庞，周围还布满了罂粟花。

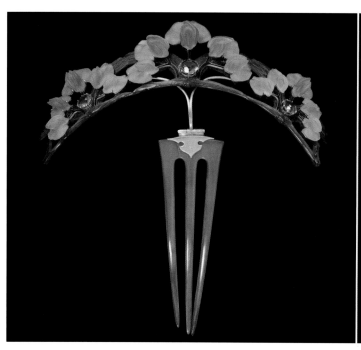

产生足够的吸引力，缺失了新艺术风格应有的轻盈触感。1895年，乔治·富凯接手珠宝厂担任主管，他彻底改变了产品的设计风格，并摒弃了工厂最初起家的所有复古主义风格，全心致力于新艺术派的设计。

乔治·富凯（1858—1929年）是一位技艺高超的珠宝工匠，对细节观察极为敏锐。他主要设计金饰，并且聘请了艾蒂安·托雷负责生产当时流行的透光珐琅，托雷在原有工艺的基础上进行了创新，将金属箔、铂金和金银片融入其中，从而增加饰品的光泽度。吊坠、项饰和垂饰中多使用蛋白石、月长石和珍珠等次等宝石，图案则将充满异域风情的兰花、蜻蜓和与缠枝花卉和翩翩起舞的蝴蝶相缠绕相结合的蛇。

1899至1901年，富凯与顶级艺术家穆夏进行了长达三年的合作，这位来自捷克的平面设计师如今被公认为奢华颓废的新艺术风格的代表人物，富凯也因此在新艺术运动中树立了显赫地位。在穆夏设计的许多以女性为主题的海报中（例如 The Brunette，1897年创作），所描绘的女性大多是红极一时的交际花，她们绚丽多姿的珠宝和头饰深深吸引了富凯。

富凯与穆夏合作推出了一系列以夸张的拜占庭风格为主的珠宝饰品，结合使用了弧面型宝石、象牙和巴洛克珍珠，穆夏还在珐琅饰板内镶嵌了各种微小的细节设计。他们的作品在1900年巴黎万国博览会展出，享誉世界。看到两人的合作能取得如此巨大的成就，于是在第二年，富凯便委托穆夏为珠宝厂在皇家大道的新店进行门面和内部装饰的设计，这也是穆夏有生以来承接的唯一大型设计项目。新店仿佛是新艺术主义的庙宇，充满了铜质配件、雕刻艺术和彩色玻璃，还有一面巨大的孔雀浮雕墙壁和许多气泡形的壁橱。在1923年新店改造时，这些绚丽宏伟的室内装饰也被转移到卡纳瓦莱博物馆进行珍藏。

在穆夏和富凯合作设计的作品中，最为知名的是为巴黎极受欢迎的著名女演员莎拉·伯恩哈特设计的巨大的蛇形手链。莎拉是一名珠宝爱好者，她收集了众多珠宝，例如阿方索七世赠予她的钻石胸针、奥地利国王弗兰茨·约瑟夫赐予的项链，甚至还有一辆镶满钻石和红宝石的蒂芙尼自行车。莎拉在戏剧《欧那尼》中的表演惊艳四座，维克多·雨果在写给她的信中说道："我留下了眼泪，这眼泪……是属于你的"，并随信附上了一颗泪滴形的钻石。

穆夏此前曾与莎拉有过多次合作，为她的表演做过道具、服装甚至发型设计，而这条手链是为了纪念她1890年成功出演埃及艳后克丽奥佩特拉而设计的。其以红宝石作为蛇眼，蛇首和蛇身分别由蛋白石和珐琅制成，下颚还悬挂着一串串精美的金链，底部是一枚镶有钻石和祖母绿的指环。据说，鉴于莎拉没有足够的资金购买这条昂贵的手链，富凯只能每晚到莎拉的剧院去拿回分期付款。

下图：乔治·富凯的珠宝店Magasin Fouquet（约建立于1900年）位于巴黎皇家大道，新艺术派的室内装饰由穆夏设计，风格精致华丽。在右边的彩色玻璃窗中间，圆形壁龛上的孔雀仿佛在守卫着整个商店。

底图：这枚富凯珠宝店的胸针由哑金、抛光金、珐琅、珍珠和钻石精制而成。在1903年创制这枚胸针之前，公司坐落于穆夏设计的皇家大道珠宝店，上面一层是珠宝作坊。

左页图： *The Brunette* 是穆夏于1897年设计的海报，拜占庭头像之一。奢华梦幻的头饰设计是为了表现出拜占庭的辉煌文化，是极为典型的新艺术风格。

路易斯·康福特·蒂芙尼（Louis Comfort Tiffany）

他是蒂芙尼珠宝公司创办人查尔斯·路易斯·蒂芙尼（1848—1933年）的儿子，是世界闻名的美国新艺术派推崇者。欧洲的新艺术派提倡从大自然汲取艺术灵感，蒂芙尼则以更美国式的风格跟随着新艺术运动的潮流：百合花和罂粟花样式用野胡萝卜花代替，用石榴石制出黑莓和葡萄样式。蒂芙尼采用金、银和铂金合金，为朱莉亚·曼森·谢尔曼设计的软珐琅作品呈现了华丽的镶嵌托板，而所选择的淡雅风格宝石如蛋白石、电气石、月长石及粉色蓝宝石，都会注入路易斯在学习印象派绘画时所创造的精美着色。他曾经拒绝家族企业职位，为了追寻艺术梦想而广泛游历，而这段经历也为他在日后担任蒂芙尼设计师派上用场。1902年，在他父亲去世后，路易斯被任命为蒂芙尼设计总监，他在欧洲、非洲、亚洲及中东游历搜集了众多个人收藏品，其中甚至包括从埃及木乃伊墓穴中得到的贝宁臂章和串珠项链，还有印度次大陆的民族珠宝饰品，这些收藏品为他的众多设计作品提供了灵感。

收藏品对他的影响在其设计的埃及复兴系列颈圈中展露无遗，该系列颈圈多以超大的多色弧面切割宝石装饰。此外还有很多作品受到了印度莫卧儿王朝皇室珠宝的影响。与其他新艺术派设计师的作品相似，大自然一直是他作品的灵感源泉。路易斯常将色彩明亮的水果、鲜花和昆虫样式融入到他的彩色玻璃设计和珠宝作品中，如1904年，他就在圣路易斯世界博览会上推出了一款蜻蜓胸针。在这款自然主义作品中，黑色蛋白石和绿色石榴石制成了蜻蜓的身体，而翅膀则由薄如蝉翼的铂金及金丝工艺制成。

蒂芙尼的珐琅工艺堪称大师级别，他用自然主义式的阴影色彩制作出多层半透明效果，最后再完成镀金表面。他的工艺技巧包括内填珐琅、掐丝珐琅、透底珐琅以及空珐琅（见14页），他还会在珐琅中添加镀金来增加光泽度。宝石多采用粉色蓝宝石、橄榄石、月长石和极为鲜亮的绿色翠榴石。蒂芙尼也将源于乔治王朝时期珠宝的白金丝镶嵌托板工艺重新发扬，以叶子、玫瑰和浆果等图案丰富了制作花边的样式。

右页图："美好时代"珠宝的淡色正迎合了战前女性柔和的时尚风格，这种装饰性强且华丽地展现女性柔情的风格直到20世纪20年代才逐渐消散。这款小颗珍珠蒂芙尼全套首饰（约1890年产）包括一枚饰针和一对耳环。

下图：此款蒂芙尼白金怀表（约1900年产）带有一枚金镶钻镂空叶状短链饰物，饰物表面镶满珍珠。

右图：此款1910年由蒂芙尼打造的铅玻璃灯垂饰采用了新艺术派最为普遍的蝴蝶样式。这种采用生染色彩上色的彩虹玻璃是路易斯·蒂芙尼的标志性工艺。

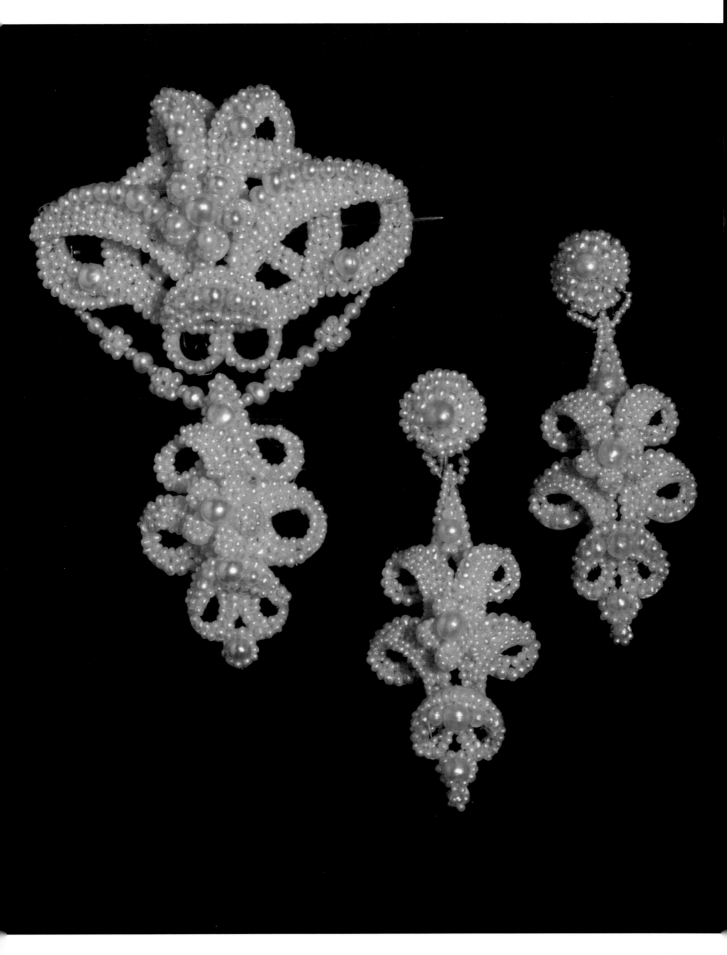

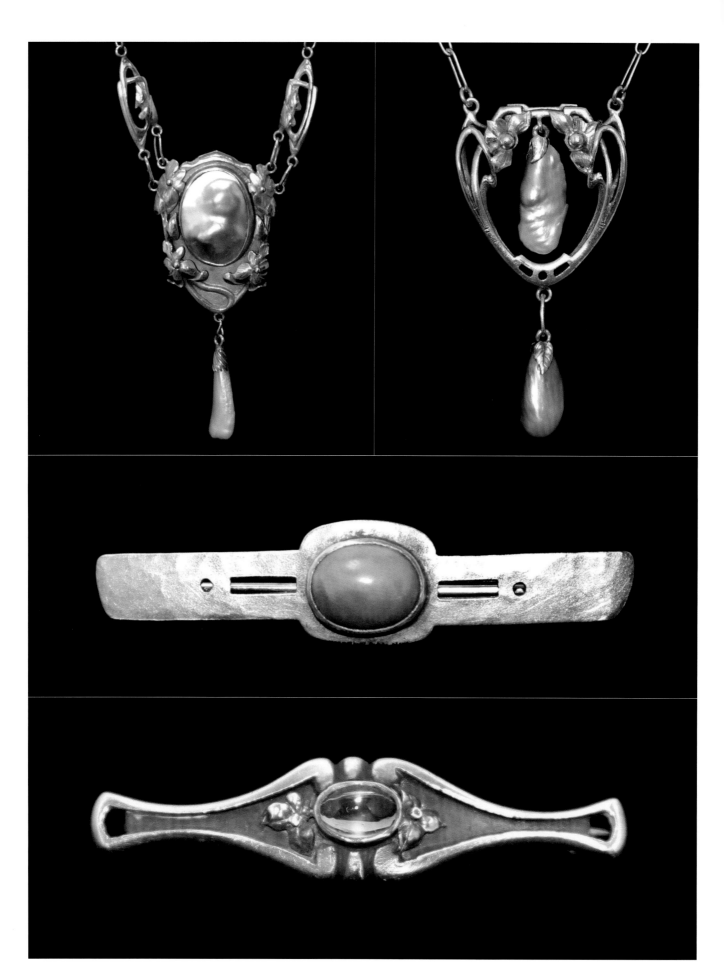

克拉拉·贝拉克·威尔斯（Clara Barck Welles）

作为当时新艺术运动的中心，芝加哥的工艺美术流派已经兴盛起来，其中包括大名鼎鼎的银匠珍妮特·佩恩·鲍尔斯和杰西·M·普勒斯顿。而诸如克拉拉·贝拉克·威尔斯一类的设计师们将北美印第安风格图案与草原上绿草鲜花的美景色彩完美结合，使其作品独树一帜。贝拉克（1868—1965年）32岁时在伊利诺伊州的帕克里奇成立了卡洛工坊，贝拉克将希腊语中表示美丽的单词取为店名，店内专卖月长石、海蓝宝石、蛋白石及天青石胸针、戒指及项链饰品。贝拉克初期的作品有很多受工艺美术风格影响的纺织、皮制、烫花、篮子及铜制物品。1905年，贝拉克与银饰爱好者乔治·威尔斯结婚后，卡洛工坊开始专门制作手工金属制品，作品坚守贝拉克个人的审美理念：美观、实用而持久。

卡洛饰品具有很高的辨识度，因其多采用精巧的凸面造型或者凸纹雕刻的饱满锯齿椭圆水果造型镶嵌，如樱桃、菠萝以及鲜花、叶子及藤蔓形装饰。卡洛饰品的包边装饰多采用紫水晶、巴洛克式珍珠、天青石、血滴石、月长石和黄水晶。

威尔斯从一开始便是一个精明的女商人，她并未选择经营会带来巨大商业效益的小型精品店业务。她曾一度雇佣了超过25名女银匠做银饰设计，这些女银匠被称作"卡洛女孩"，正是她们使得卡洛能够在男银匠都被派往海外的一战期间得以存续。威尔斯40岁时退休，之后迁往加利福尼亚。1959年，她将店铺转让给四位店铺匠人：罗伯特·鲍威尔、丹尼尔·彼得森、阿恩·迈尔和英韦·奥尔森。1970年，彼得森和奥尔森相继去世，卡洛才最终关店。

右图和下图：卡洛的多款饰品都有着浓厚的斯堪的纳维亚风格，展现出与格奥尔格·延森及维纳·威尔克斯坦作品的密切联系。这几款简洁的银制设计作品便是实例，其中一款为一枚银戒指，镶嵌有一颗精雕成玫瑰样式的珊瑚石，另一作品为一款手镯，包边镶嵌着椭圆形珊瑚石。

左图：克拉拉·贝拉克·威尔斯，摄于1906年，是芝加哥具有影响力的银匠团体的先锋及卡洛工坊的创办人。她也是20世纪珠宝贸易行业中为数不多的女商人之一。她的店铺拥有众多客户，这些客户愿意将他们过时的珠宝首饰进行焕新装饰，将旧款宝石用新样式宝石从沉重的托架上换下。

左页上左图：一款带有纸夹式银链卡洛垂饰，金盾罩中镶嵌一颗附壳珍珠，并以花朵和藤蔓环绕装饰，下吊一款巴洛克风格珍珠坠子。

左页上右图：此款卡洛垂饰同样采用纸夹式银链和两颗大号巴洛克风格珍珠，其中一颗悬于镂空且充满新艺术派风格设计的银制托架内，另一颗则作为坠子置于下方。这款垂饰的雕刻和打造细节是卡洛饰品的典型手法。

左页中图：从多方面来看，卡洛作品柔和的新艺术风格预示了20世纪20年代装饰艺术的兴起。此款朴素的胸针便是一例，这款黄金胸针制作于芝加哥，包边镶嵌着一颗椭圆弧面珊瑚石，两侧带有切割装饰。

左页下图：一款卡洛条形胸针，包边镶嵌着一颗椭圆弧面黄水晶，并加以简单的花朵装饰。

自由主义风格

19世纪，英国是工艺美术运动的中心。工艺美术风格珠宝与新艺术派珠宝有明显的风格重叠。亨利·威尔森、阿奇博尔德·诺克斯、C·R·阿什比、西比尔·邓洛普以及哈罗德·斯特普勒都惯用装饰型交织和花结式图案，这种凯尔特式图案深受威廉·莫里斯对英国古典神话故事的痴迷影响，文艺复兴时期的宗教肖像画和哥特时代，以及斯堪的纳维亚民俗图案也对其有着重要影响力。19、20世纪之交，英国珠宝饰品基本采用白银为原材料。白银经过精巧技艺打造成各式胸针、皮带搭扣、帽针和垂饰，这些饰物在伦敦利伯提百货一类的经销店内销售。利伯提百货是由亚瑟·拉曾比创办于1875年的一家店铺，售卖印度和日本蚕丝及瓷器。像利伯提百货这种新艺术派的商业出乎意料地受到人们的追捧，而这种成功从未进入英格兰建筑领域的年鉴中。诺克斯设计的作品多限于采用黄金和白银的巧妙搭配，再搭配绿松石和小淡水珍珠的样式。从1899年起，他的这些作品和其他人的作品在一家叫做威尔士的店铺内销售。诺克斯的设计能够被人一眼识别，因为他与众不同地采用孔雀蓝或者蓝绿着色珐琅嵌入古银中，这种设计风格被多家珠宝商效仿并大量生产。

查尔斯·霍纳（Charles Horner）

19世纪50年代后期开始，查尔斯·霍纳（1837—1896年）创办的哈利法克斯珠宝公司已经成为一家繁荣发展的公司，为本地零售商提供大批量生产的珠宝饰品。1905年，公司创办人去世之后，霍纳的儿子们在哈利法克斯和约克郡开设现代化的办公场所，并开始快速大批量生产自由主义风格珠宝，从最初的珠宝设计直到最终成品，有垂饰、帽针、耳环、顶针和胸针，全部坚持采用独特的白银镶嵌虹彩孔雀蓝着色珐琅风格。尽管是批量生产，有效的质量控制保证了每一款霍纳珠宝都具有极高品质。这些珠宝经过利伯提百货等主要珠宝经销商的售卖后，霍纳珠宝赢得了大批品牌拥护者。

左图： 英国新艺术派和工艺美术风格银制、黄金制胸针系列（约产于1908—1911年），其中包括查尔斯·霍纳、穆尔勒·贝纳特和威廉·H·哈斯勒的设计作品。在这一时期，来自大自然的图案非常流行，其中就包括全世界设计师们都喜欢使用的蜻蜓样式。而各类宝石仅作为作品整体设计的一部分融合进来，不再是作品吸引眼球的中心设计点。

右图： 这款白银搭配黄金并镶嵌珍珠垂饰项链约产于1901年，由C·R·阿什比设计，他是手工艺品行业协会的创办者。阿什比在这一时期设计了一些孔雀样式饰品，他认为孔雀的光彩正是工艺美术运动追寻最美设计的最佳象征。

左图： 这款产于1902年的精美黄金垂饰镶嵌着珍珠母和蛋白石，这是典型的阿奇博尔德·诺克斯设计作品。诺克斯出生于英属马恩群岛，这里的石雕十字架非常著名，他为利伯提百货设计的作品受到了凯尔特风格的影响。

奥地利新艺术派：维纳·威尔克斯坦特

19世纪与20世纪之交，维也纳经历了史无前例的工业繁荣时期，也成为了拥有着低调而雅致风范的文化之城。来自新兴富有中产阶层的赞助让维也纳变成一块磁铁，吸引着来自全欧洲的先锋派画家、艺术家加入到波西米亚式的生活气氛中，如此一来也使得维也纳成为20世纪现代主义诞生的摇篮之一。作为分离主义者团体的创办人，古斯塔夫·克利姆特和埃贡·席勒之类的艺术家不断挑战传统，将精神分析学家西格蒙德·弗洛伊德揭露人类潜意识秘密的研究以视觉呈现的方式进行全新的阐释。这一令人兴奋的跨界结合吸引了一帮工艺艺术家，这些人被集体称为维纳·威尔克斯坦特，本质上这只是成立于1903年的一个手工艺人合作工坊，它致力于不断推动应用艺术，这其中就包括珠宝设计。合作社领导者约瑟夫·霍夫曼和柯罗曼·莫泽执着于对整体艺术，或者说"全体艺术"概念的追求，在这种概念中，每家每户的每一件物品都需要合人心意并且展示出先锋艺术的顶级品味。

在艺术收藏家和商人弗里茨·万多尔夫的投资下，维纳·威尔克斯坦特工作坊聚集了一批年轻的珠宝设计师，如卡尔·奥托·茨斯卡（1878—1960年）和达戈贝特·波赫（1887—1923年）自1910年到1923年共同经营工作坊，而洛特·卡姆和艾迪莎·莫泽则一直坚守艺术合作精神。在维也纳，新艺术派中的曲线风格变为更鲜明的轮廓线条，更为规则的几何图案也成为当时的行业准则。白银、铜和半宝石的应用也模糊了珠宝和雕塑设计的界限。花朵样式变得更立体，胸针也趋向直线形设计，这些样式反映了如苏格兰的阿道夫·罗斯和查尔斯·罗尼·麦克托什一类的威尔克斯坦特艺术家和建筑师的艺术考量，以及他们渗透性艺术、建筑和珠宝设计的形式。在威尔克斯坦特珠宝的几何造型中，人们还是可以捕捉到欧式新艺术风格的长曲线图案，而白银混合黄金并镶嵌珍珠母的做工也同样拥有明亮的触感，但是几何图案的应用变得越来越普遍，而直线形镶嵌弧面玛瑙、孔雀石及暗色珐琅的设计也预示着装饰艺术沉着有序的艺术风格。霍夫曼似乎痴迷于镀银的方块形状，特别是单色珐琅和锻造金属的运用。

一段时间内，维纳·威尔克斯坦特取得了巨大的成功，在巴黎、苏黎世和纽约分别开设分店。然而，战争逼近所带来的威胁导致了这种波西米亚风格的逐渐衰退。理想主义者霍夫曼从未妥协，他拒绝使用更廉价的材料和机械生产模式来进入更低端的市场。1914年，破产的万多尔夫被迫移民美国。即便如此，威尔克斯坦特珠宝经受住了时间的考验，其所坚守的内敛奢华及品位，以及精妙地对新艺术风格的超越都吸引了众多现代收藏家的目光。

左页图：这是约瑟夫·霍夫曼在维纳·威尔克斯坦特的一件作品，采用源自大自然的样式，通过几何造型而不是流线设计的手法清晰地展现了新艺术派和装饰艺术的联系。这件1910年的垂饰由黄金制成，镶嵌珍珠母及半宝石。

下图（左）：这款银制垂饰是霍夫曼的杰出作品，约产于1905年。亮色半宝石的大胆组合使得这款作品大放异彩。

下图（右）：柯罗曼·莫泽的简洁设计显示出了现代主义的转向趋势，即20世纪视觉语言的变革。这款几何造型胸针采用黄铜和珐琅打造，约产于1912年。

半宝石

新艺术风格珠宝更倾向于半宝石的应用，而不是较为浮夸的钻石、红宝石或者祖母绿。新兴的审美风格要求更为柔和的色彩框架，这就需要采用蛋白石、月长石与淡水珍珠等宝石来达到理想的效果。此款镶嵌半宝石的珐琅银制垂饰由欧内斯廷·米尔斯设计。

珐琅

新艺术风格作品多使用珐琅装饰金属，从而提升了作品的辨识度。而金属多应用白镴和白银而不是黄金或铂金。这款珐琅压钢白铁制胸针的装饰性在于其深蓝色、亮蓝色和黄色珐琅组合的阴影效果，而不是强调那种钻石般的闪亮效果。

主要风格与样式

1890—1910年

珠宝

高度装饰性，搭配以各式技艺打造的小型宝石，整体协调统一，突出托架上镶嵌的大颗而浮夸的宝石。

凯尔特结

在工艺美术和新艺术风格晚期，凯尔特结是既时尚又受欢迎的设计样式。珠宝设计师阿奇博尔德·诺克斯和伦敦利伯提珠宝店一直推崇凯尔特结的应用。

蛋白石和月长石

这一时期的设计师，包括丹麦珠宝设计师格奥尔格·延森都惯用月长石制作珠宝，这款银制胸针便是一例。月长石是一种拥有蓝白色光芒的透明宝石，也有说法称这种宝石能够为佩戴者带来好运。这种宝石所显现的那种朦胧梦幻般的效果也正符合了新艺术派的风格精神。

自然主题

大自然一直是新艺术派珠宝设计的灵感源泉，因为新艺术派追随者们一直致力于打破维多利亚时代只退不进的设计枷锁。设计师们着迷于各式的心灵复兴主义，他们采用动植物形象作为作品图案，这一点从这些精选出的1901年胸针便能看出。

美女

新艺术派珠宝其中的一个显著特色就是美女形象的应用，作品中会出现一位神秘的女性形象，当时人们相信，其性感的极为美艳的外型下暗藏着致命危险。这款约产于1901年的夜美人胸针上刻着一名象牙雕制的蝙蝠式女性形象，她拥有一对透花珐琅翅膀，周边镶嵌着点点钻石，依靠在一轮新月之上。

1910年代：
爱德华时代

    虽然新艺术运动试图在设计风格上摆脱过往时代的影子，并追求一种无关历史而神秘的现代感，许多知名的珠宝公司却开始追溯18世纪的法国洛可可风格，将其作为珠宝设计的主题。洛可可风格与法国凡尔赛宫廷装饰风格关系紧密，洛可可（Rococo）这个词是从Rocaille（法文，意为"岩石、贝壳类装饰物"）或Rocks（岩石）衍生而来，特别指石窟装饰中由小岩石和贝壳组成的工艺品。翻译为设计术语，洛可可意味着纤巧和高雅，它大量地将镀金形式运用在源于自然的柔美外形中，洛可可的轻巧风格在两位颇受宫廷喜爱的画家——弗朗索瓦·布歇（François Boucher，1703—1770年）和让-奥诺雷·弗拉戈纳尔（Jean-Honoré Fragonard，1732—1806年）的作品中发挥到了极致。

    洛可可复兴时代的风格反映了当时人们的社会地位和财富，深受新兴的中产阶级实业家、企业家和银行家喜爱，他们渴望与曾经伟大的皇室产生象征性的联系。众多美国家庭试图将凡尔赛宫廷装饰的辉煌壮丽带到纽约的沙龙中，康内留斯·范德比尔特夫人只不过是其中之一，她以"现代蓬帕杜夫人"之名在社交圈中占有一席之地。她从卡地亚订购了许多珠宝首饰，是洛可可复兴风格的推广者。卡地亚设计的珠宝专注类似垂花饰、蝴蝶结、椭圆、花环的主题，它的胸针、项链和耳环上装饰着许多金色流苏。爱德华时代早期，卡地亚设计的珠宝随处可见花环元素，此类设计后来被称之为"花环"风格。时至今日，卡地亚精美的红色丝绸锦盒依旧装饰着垂挂饰的金边花纹。

卡地亚（Cartier）

卡地亚的传奇故事起源于1847年，路易斯·弗朗索瓦·卡地亚创立了这个品牌，专卖高端珠宝和奢侈品。欧洲最有钱的名门望族很快成为了卡地亚的客户，其中包括欧仁妮皇后，她以著名的宫廷服装设计师查尔斯·弗雷德里克·沃斯（Charles Frederick Worth）专门为其设计的令人惊艳的长裙闻名于世。卡地亚业务日益兴隆，带来了一定的后续收入，同时也逐渐建立了品牌自信，19世纪80年代后期，卡地亚开始自行设计生产珠宝首饰。

在20世纪早期，卡地亚俨然成为了制造珠宝的行家，它赢得了欧洲皇室的委任，成为皇室珠宝的御用之选，爱德华七世和阿尔巴尼亚的左格一世都是它的客户。卡地亚在宝石切割和镶嵌技术上大胆创新，它是首个将铂金用于宝石镶嵌的珠宝商。铂金比金、银更硬，用作珠宝的铰链会使其显得更轻巧、更夺目、更具奢华魅力。因为铂金能承载较重的重量，所以只需要很小一块便可将宝石镶嵌到位，使珠宝设计更为精致细腻。路易斯·卡地亚形容此类"隐秘式"镶嵌为"与其说它是宝石镶嵌，不如称之为璀璨刺绣"。卡地亚花环风格的垂花项链就运用了这一技术，项链上的钻石仿佛于肌肤上流淌出璀璨之光。卡地亚的金银丝细工十分精美，使首饰融入了爱德华时期淡色蕾丝花边和轻薄衣裙的着装风格，同时珠宝雕花技术也为首饰增添了一份轻盈优雅。

此后，戴比尔斯矿业公司在南非发现了巨大的钻石矿，新的钻石切割方式也陆续出现（例如卵形、狭长形和椭圆形），同时持有巨额资金的国际顾客开始青睐珠宝市场，这些为巴黎许多有名望的珠宝商（例如路易·阿库克、伯纳德和查尔斯·穆雷）提供了绝佳机遇。但其中，卡地亚的表现更胜一筹。前来和平街参观的大亨或外国贵宾看到呈现在面前一盘又一盘辉煌夺目的珠宝时，彼此间任何语言障碍都被一扫而空。佩戴一件由卡地亚设计的绝美珠宝是在爱德华时代上流社会获得社交尊重的方式之一。奥顿·米尔斯夫人和多丽丝·杜克

第30页图：爱德华时代的裙装希望展现女性的优雅娇柔，有着凡尔赛宫廷的复古风范。低领露肩礼服非常适合搭配项坠，例如富有寓意的小盒式项坠、天鹅绒项圈和垂坠的项链。

下图：1899年，卡地亚将店铺迁往巴黎和平街，这条街上还有沃斯时装屋（House of Worth）等著名高级时装店，从此奢华珠宝和高定时装产生了千丝万缕的联系。

爱德华时代的鲜明特征

· 将铂金和白金用作"隐秘式"镶嵌和种子镶嵌。装饰珠宝变得更为轻巧，符合爱德华时代的潮流。

· 洛可可风格复兴，或者说花环风格盛行，首饰多采用蝴蝶结、流苏、垂花饰、星形、雕花和花环的形式呈现。

· 精致而随性的项坠，例如，项坠上的两颗宝石或珍珠错落地垂挂在中央钻石两边。

· 使用钻石和珍珠。钻石是爱德华时代最流行的宝石。

· 白金制成的金银丝细工戒指，包括订婚戒指，通常嵌有单颗钻石。

就曾在社交场合互相攀比钻石和祖母绿宝石的胸针、头饰，以及戴在每根手指上闪闪发亮的戒指（杜克更占上风，因为她丈夫为其买下了重达128.54克拉完美无瑕的传奇蒂凡尼黄钻，它也是世界上最大的黄钻）。1909年，卡地亚在纽约第五大道开设分店，卡地亚钻石开始风靡纽约。据说，当纽约大都会歌剧院35个包厢宾客满席时，宾客们佩戴的钻石熠熠发光，就像是"钻石俱乐部"一样。

卡地亚是最早意识到珠宝和时装潮流密不可分的珠宝商。这不仅仅是因为1899年后他们将店铺迁往时尚购物街，街上还坐落着当时著名的沃斯时装屋，同时他们机敏地发现贵妇通常愿意为新装搭配购置合适的珠宝首饰。爱德华时期，女士们通常梳着高发髻、身着低领的礼服，配以奢华夺目的项链再合适不过。因此，卡地亚出售贴颈项圈（狗项圈）和苏托尔项链（带有吊坠或者长穗的长项链），以及一款全新设计——Lavalier宝石垂饰。这款首饰以著名女演员伊芙·拉娃利尔命名，她是巴黎第一个剪了波波头发型的女人。Lavalier宝石垂饰由一对垂饰组成，其中一个垂挂在另一个下方。卡地亚的项圈进一步推动了人们追捧优雅天鹅颈的风潮，它采用黑色天鹅绒或波纹状项链做底，来衬托钻石和珍珠的精细做工。由于当时流行长袖服饰，手镯逐渐失宠，但人们佩戴的珠宝向下蔓延到身体紧身衣的位置，多个胸针以及大串的珍珠垂饰是当时必不可少的服装配饰。

右图： 奥丽加·卡诺维奇是俄罗斯帝国大公保罗·亚历山德罗维奇的第二任妻子。照片摄于1912年，她佩戴着卡地亚的钻石首饰。爱德华时代最富有的女性不仅将珠宝首饰佩戴在身上，奢华的珠宝还镶嵌在她们定制的礼服上。

法贝热（Fabergé）

彼得·卡尔·法贝热（1846—1920年）被誉为俄国皇室御用珠宝商，他为皇室制作了饰以奢华珠宝的彩蛋。法贝热的盛名享誉世界，是他将极其精细复杂的上釉工艺和机刻扭索雕纹饰底相结合，他还发明了全新的玫瑰花式钻石切割。1885年，法贝热聘请了有天赋的米哈伊尔·佩钦作为首席设计师，并聘用彼得和他的兄弟阿伽顿作为质量监督者，他们兢兢业业，拒绝任何没有达到最高质量标准的作品。20世纪早期，法贝热成为了俄罗斯贵族间炙手可热的御用珠宝师，他受委任为贵族定制各种珍贵珠宝物品，其中包括珠宝雕刻的花、观剧镜、阳伞伞柄，以及当时非常流行的皇室彩蛋——它是珠宝装饰艺术的最高体现。

这些极致奢华却毫无用处的物品现在十分罕见，具有不可估量的价值，它们是当时俄国贵族奢华生活的见证。法贝热在1885—1917年间受委托为俄罗斯皇室制作彩蛋作为纪念品，直到1917年俄国革命爆发终结了沙皇统治，法贝热彩蛋也成为了俄国家族传统的象征。第一颗法贝热彩蛋是沙皇亚力山大三世为妻子玛丽亚·费奥多罗芙娜皇后特别定制的复活节礼物。复活节是俄国东正教教历中最重要的节日。人们将第一枚皇室法贝热彩蛋称为"沙皇小母鸡彩蛋"，彩蛋里是一只小巧的金母鸡坐在一个黄金制成的蛋里，金母鸡的肚子里还有一个镶着红宝石的迷你皇冠。在复活节，人们互相赠送迷你彩蛋，可以将彩蛋单个或者成串地挂在脖子上做装饰。

法贝热渐渐声名远播。1900年，彼得·卡尔·法贝热在巴黎世界博览会上因为制作精美的彩蛋被授予法国荣誉军团勋章。因备受追捧，法贝热在伦敦和巴黎都开设了分店，直到第一次世界大战期间俄国政府要求其公民返回俄国，同时要汇回海外资金，法贝热的分店才停止营业。在俄国革命之后，法贝热彩蛋制造也被画上了句号。2009年，在沉寂90年后，法贝热最早的创始人古斯塔夫·法贝热的曾孙女塔蒂安娜·法贝热和莎拉·法贝热推出了一组名为Les Fabuleuses的珠宝。这组珠宝由巴黎著名的艺术珠宝设计师费德里克·扎维和法贝热的创意总监凯瑟琳娜·弗洛尔设计，他们的设计坚持了这个传奇品牌固有的审美理念。新系列珠宝镶嵌的钻石价值2.6万英镑，其中的卢德米拉（Ludmila）戒指价格高达惊人的600万英镑。

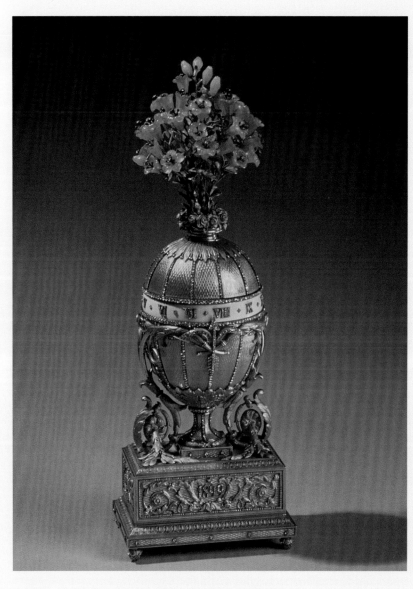

左页图：这款洛可可复古风格的垂挂饰金胸针灵感源于18世纪法国宫廷，胸针嵌有钻石，大约于1900年由法贝热工作坊在圣彼得堡制作。

上图：1899年复活节的法贝热彩蛋。它制作精美，外形像花瓶，花瓶里点缀着用珍贵宝石雕刻而成的花束。俄国沙皇每年都要定制彩蛋作为礼物送给心爱的妻子，法贝热设计制作每只彩蛋几乎都要花费一年的时间。

宝诗龙（Boucheron）

1858年，费德里克·宝诗龙（Frédéric Boucheron）在巴黎成立了自己的家族品牌。据说，他当时选定了旺多姆广场阳光最灿烂的位置开设店铺，透过橱窗，钻石在阳光照耀下闪耀着诱人的光芒。美人奥特萝和演员莎拉·伯恩哈特（Sarah Bernhardt）都是当时宝诗龙的顾客。在爱德华时代，新世界的富人阶级女继承者们以及一些美国巨富都喜欢光顾宝诗龙，例如阿斯特家族和范德堡家族的成员，这也使宝诗龙名声大震。从不平等状态中解脱出来的美国女继承者们通过新兴的铁路、油田和钢铁行业积攒雄厚的财力，她们到欧洲与落魄的欧洲贵族联姻，企图获得身份地位而跻身上流社会。美国女作家伊迪丝·华顿（Edith Wharton）戏称她们为"海盗"。联姻成功的案例有：珍妮·哲罗姆（Jennie Jerome）和伦道夫·丘吉尔勋爵（Lord Randolph Churchill）；纽约房地产大亨的女儿玫·格莱（May Goelet）和九世罗克斯伯勒公爵（Duke of Roxburghe）以及旧金山的莫德·布尔克（Maude Burke）和船王巴什·丘纳德爵士（Sir Bache Cunard）。康斯萝·范德比尔特（Consuelo Vanderbilt）就是一位"美金公爵夫人"，她被送到英国和一个贫穷的贵族联姻，嫁给了马博罗公爵，她描述道当时想要进入英国上流社会需要大量的金银珠宝："佩戴项圈是当时的潮流，我的珍珠项圈有19条，钻石的搭扣都挫伤了我的脖颈。我母亲将她从父亲那得到的所有珍珠项链都送给了我，其中有两条曾经分别属于俄国的叶卡捷琳娜和欧仁尼皇后。我还有一条苏托尔项链，我将它绕在手腕上。父亲曾经赠予我一顶钻石冠冕，顶部饰有球形的宝石。马博罗赠予了我一条钻石腰带。所有这些珠宝首饰都非常美丽，但它们从未给予我任何快乐，实际上沉重的冠冕经常压得我头疼，项圈摩擦着我脖颈的皮肤，不过只有穿金戴银，我才能够被英国上流社会所接受。"

在这群人中，宝诗龙的重工钻石花饰珠宝无疑极其出名，宝诗龙时至今日仍是追求最高品质珍珠和创新珠宝设计的珠宝商。1889年，宝诗龙的传奇设计师保尔·朗格朗（Paul LeGrand）突发奇想，在一串项链的珍珠间嵌入打磨的小片钻石。与品牌合作多年的钻石切割师Bordincx勇敢地将钻石切成圆形的扁平小片，然后重新组装成轮状或环形，称为圆形小切片。朗格朗将28个圆形小切片和29颗纯天然大珍珠镶嵌

在一起，小片钻石璀璨的光芒令原本温柔优雅的珍珠熠熠生辉。这件珠宝首饰当时就取得了成功，时至今日，它仍是珠宝首饰中非常经典的设计。

A BEAUTIFUL DUCHESS.

THE DUCHESS OF MARLBOROUGH

右页图： 20世纪早期的珠宝。左起依次为：大约在1920年宝诗龙制作的镶钻扣式胸针；爱德华时代的海蓝宝石和钻石项坠；爱德华时代的钻石珍珠女士腕表，由卡地亚在大约1915年制作；装饰艺术风格的蓝宝石和钻石礼服戒指；维多利亚时期的黄金珐琅钻石蝴蝶胸针，大约在1900年制成；红宝石和钻石切割的条形胸针。

左图： 美国女继承人康斯萝·范德比尔特是九世马博罗公爵查尔斯·斯宾塞·丘吉尔（Charles Spencer Churchill）的第一任妻子。图片摄于1908年，她佩戴着引人注目的卡地亚项圈，项圈上饰有当时流行的蝴蝶结。

下图： 华丽而晶莹剔透的手镯，金雕镂空部分采用了镂花珐琅上釉工艺，镶嵌有珍珠和玫瑰花式切割的钻石。手镯由查尔斯·里弗奥（Charles Riffault）大约在1875年为宝诗龙设计。

发饰

　　秀发是时尚女性关注的焦点，如果一天中想要搭配各种不同的发型，通常需要女仆一整天在旁打理发饰。关于发饰有这样一种复杂的说法：贝壳发饰适合参加晚宴或去剧院时佩戴；带有鲜花和蕾丝的缎带发饰适合舞会和宴会；花俏的羽毛和钻石发饰则适合庆祝盛会和皇家节日时佩戴。女性需要各式各样的发饰和梳子，她们不仅追求功能性，同时也追求样式，例如玳瑁壳制成的铸有金丝细工和银质镂空的发饰。嵌有人造钻石的铝制或仿玳瑁材质的发饰是当时广受欢迎的廉价替代品。1918年，美国著名杂志《写真》（ *The Delineator* ）刊登了爱德华时期的名媛淑女是如何恰到好处地佩戴发饰的，现在的读者可以通过其中的描述了解当时众多的发饰种类："发梳、发夹、束发带和其他许多类发饰，明智地选择不同种类的发饰对发型的整体效果有至关重要的作用。太过华丽或数量过于繁多的发饰反倒会凸显品味的低俗，不仅没有起到锦上添花的作用，反而会破坏发型的美观。贝壳装饰的大发簪顶端镶着金丝细工或嵌着璀璨的宝石，既有魅力又低调谦逊。两到三支的发簪插在发髻的边缘，能让发丝整洁、一丝不乱，还能起到装饰作用。"

羽饰

　　以珠宝装点的羽饰灵感源于白鹭的翅膀，羽饰中羽毛的布置颇有印度大君头饰的风范。

　　1910年狄亚格列夫版的芭蕾舞剧《天方夜谭》由艺术家里昂·巴克斯特（Leon Bakst）设计舞台装扮，他在演员发间插上羽毛，这使带有异域风情的羽饰变得炙手可热。巴克斯特的羽饰设计在当时也影响了很多设计师，其中包括女装设计师保罗·波烈（Paul Poiret）。在服装潮流方面，宽边帽逐渐被头

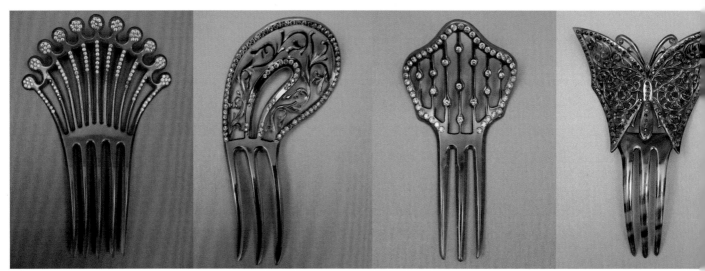

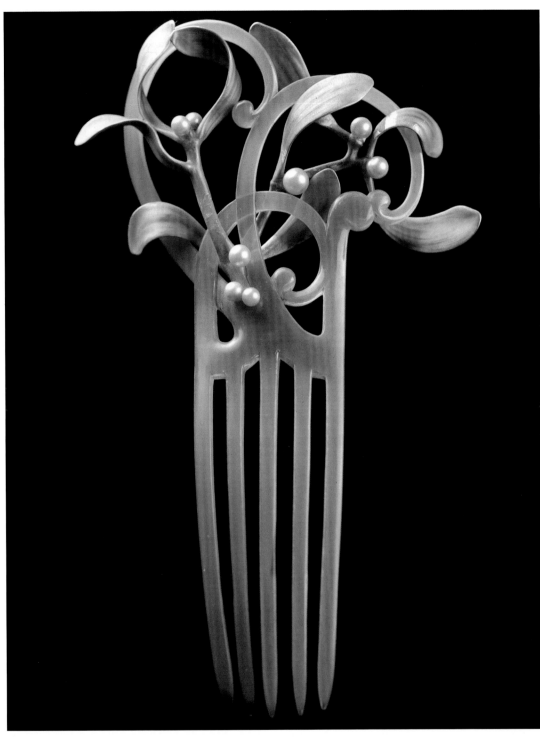

左页上图：一幅爱德华时期的人像图，据说图中是玛塔·哈丽（Mata Hari），她头上戴着配有羽饰的束发带。玛塔·哈丽是一位具有荷兰血统的异域舞者，她伪装成爪哇的一位公主，然而事实上却有着交际花和间谍的双重身份。1917年，她被行刑队处死。

左页下图：爱德华时期流行装饰性的高发髻，这为发饰珠宝开拓了市场。为突出发髻装饰性的造型，1910年代这一系列的赛璐珞塑料发梳全部使用人造钻石勾勒镶嵌。自左起：橙黄色赛璐珞塑料制成的长形后部插梳，呈辐射造型，尾部饰有小圆点装饰物；新艺术风格的不对称边部插梳，有着漩涡形的雕饰，由蓝色人造钻石勾勒轮廓；标准形状的琥珀色发梳；蝴蝶形状人造玳瑁的后部插梳，由赛璐珞塑料和红色人造钻石制成。

左图：珍珠槲寄生发梳，来自著名的巴黎珠宝商维维（Vever）。槲寄生特有的形态特征启发了很多新艺术派的设计师，他们将其视作是古老而神圣的植物。根据民间传说，人们相信槲寄生能赐予生命和财富。

巾所取代，人们会穿着半透明的哈伦裤或新流行的窄筒裙搭配羽饰。乌瓦洛夫伯爵夫人曾有一件卡地亚的羽饰，外形像中国的弓，羽饰边缘由钻石和经过方块精雕的红宝石装点。蒂凡尼也设计过一款羽饰，它采用真正的孔雀羽毛。

束发带

束发带的设计灵感源于冠冕状头饰，它由一到两排宝石组成，但与冠冕状头饰不同的是，束发带的宝石并未绕成一个封闭的圆，同时它无需支柱式的元素。束发带的设计可追溯到艺术大师保罗·艾里布（Paul Iribe）的新古典幻想画作，他同时也是保罗·波烈的时装插画师，束发带与这位特立独行的设计师所设计的高腰线礼服完美搭配。他的设计灵感来源于罗伯特·勒弗维尔（Robert Lefèvre）所绘制的保琳·波拿巴（Pauline Bonaparte）画像（见第40页），画中这位美丽的公主身着简单的薄布长礼服，头戴由蛋白石和浮雕宝石制成的束发带，束发带边缘还镶了一圈钻石。

冠冕与王冠

冠冕是最古老的珠宝首饰之一，最早出现于古埃及以及希腊和罗马古典文明时期。冠冕的形状从级别非常高的沙场战士所佩戴的金色月桂叶花环衍化而来。到了19世纪，冠冕成为极具威望的装饰物，并和皇室联系在一起，尤其是随着波旁王朝的崛起。然而，在爱德华时代，冠冕更多地被视作时尚的配饰，少了几分阶级色彩。冠冕对富裕的女性而言有特别的意义，因为通常在她们结婚时，新娘的父母会将其作为新婚礼物赠予新娘。冠冕极尽奢华，非常适合爱德华时代装饰得过分繁复的发髻，人们精心将各种新古典元素纳入其中，例如叶子、麦穗、星辰和三叶草。

1889年，亨利·维维（Henr Vever）设计了最早的太阳冠冕，希望展现出阳光普照大地的感觉。太阳冠冕的风格是一颗巨大的宝石位居冠冕中央，其他稍小的宝石环绕在它周围呈辐射状，像散射的太阳光束。中央宝石的质量决定了整个冠冕是否能耀眼夺目，因此卡地亚和其他珠宝商都选择在中央使用最大且最为罕见的粉钻，两边稍小的宝石体积对称递减，并使用相匹配的祖母绿宝石作为体现阳光普照的背景基底。爱德华时代后期，Debut & Coulon公司设计了一款白鸽翅膀形状的冠冕，从此，带翅膀的冠冕开始流行。

冠冕在正式舞会上是不可或缺的首饰，但在其他场合几乎没有用武之地。卡地亚的设计师突发奇想，制作了可拆卸的冠冕，使其能拆解为更实用的胸针和项坠。在经历了两次世界大战之后，人们开始追求轻松的时尚，为与时尚潮流相匹配，许多冠冕被熔掉，熔出的宝石或被变卖或被重新打造成其他珠宝饰品。2000年，歌星麦当娜头戴从伦敦珠宝商爱丝普蕾（Asprey & Garrard）借来的冠冕，与电影导演盖·里奇（Guy Ritchie）步入婚姻殿堂，这登上了报纸头条。麦当娜这顶冠冕的历史可追溯至1910年爱德华时期，它由铂金制成，镶有近800颗钻石，共重78克拉，此外在卷轴形的装饰中还镶有两颗重达2.5克拉的大钻石，整个冠冕缀有7个花环形状，两两之间由灵动的垂花雕饰连接。

左下图：图示为1903年女演员伊迪丝·金顿（Edith Kington）曾佩戴的珍珠钻石冠冕。她是美国金融家和铁路巨头的继承人乔治·杰伊·古尔德（George Jay Gould）的妻子。冠冕是一件不可或缺的珠宝头饰，它和王冠的区别在于冠冕后面是开口的，而王冠则是封闭的头环，并且王冠和王权通常有一定关系。

下图：这幅是1808年法国画家罗伯特·勒弗维尔绘制的玛丽·保琳·波拿巴画像。她佩戴着古典主义束发带。束发带是由冠冕衍化而来，它在20世纪早期又再度流行起来。

帽针

爱德华时代的帽针极具收藏价值，然而现在看来，帽针却不具有任何使用价值。当时人们对帽子有着几近痴狂的爱，帽针是很受欢迎的珠宝首饰，维奥莱·哈维女士（Lady Violet Harvey）曾写道："人们头上戴着各式各样的帽子，如果你没有帽子肯定也会有人为你提供帽子。那时候流行在头发下面垫垫子使其达到高耸圆润的效果，这样戴着帽子的脑袋就会显得异常的硕大。于是，人们需要各式各样的帽针将帽子固定住。"帽子越大，帽针就越长，有的帽针长度达到了惊人的35.5厘米。这使美国一些州，例如俄勒冈州，立法反对此类帽针，认为它们可能成为攻击性武器。在法庭上，女权主义者也被要求脱掉帽针，以防当中较为偏激的人用帽针来攻击粗心大意的男性。事实上，意外的确可能发生。1911年《纽约时报》曾报道过，联邦妇女俱乐部公共安全委员会罗伯特·卡特莱特（Robert Cartwright）夫人声称在华尔道夫酒店看到过一名男子"脸上被帽针划了一道长长的伤疤，从鼻子横跨到耳朵，估计这道疤痕会陪伴他一辈子。"她也补充道，"女性佩戴帽针无可厚非，但是请不要让帽针突出一大截，那样容易戳伤人。"

在爱德华时代，成千上万的帽针都是从怀特比矿中生产出来的，从意大利微砌马赛克、日本萨摩瓷器到高端的法国莱丽卡（Lalique）珠宝设计，很多精美的艺术品都出自这样的矿地——蛾子在里面乱扑腾，各种奇怪的金龟子爬在祖母绿和玉石上，感觉就像在古埃及。查尔斯·霍纳最突出的贡献就是设计了纯银蓟花帽针，只用淡紫色的水晶作为花饰点缀。帽针通常寄托了带有个人色彩的特殊寓意：一位女性高尔夫球手或许会定做一只球棍形状的帽针；喜欢狩猎的女性可能更中意狐狸头形状的帽针；第一次世界大战期间，年轻的士兵将自己上衣的扣子摘下，别在别针上，将其作为纪念品寄给远在家乡心爱的姑娘。直到1926年，人们对帽针的狂热逐渐淡去。女士短发和波波头开始流行，加上钟形帽的出现，人们已经不需要帽针来固定帽子了，随之也诞生了其他更具实用性的时尚饰品。

战争年代

由于显而易见的原因，在1914—1918年期间的战争年代，极少出现重大的珠宝首饰创新，除了将白金合金用作其他贵重金属的廉价替代品，因为它价值较低，特别是在禁止民用铂金期间，人们多使用白金合金替代铂金。金属被加入纯金中可以改变金子本来的颜色——白金合金中含有部分银或钯金，加入铜形成的合金被称为玫瑰金。这两种合金都可以用来生产较便宜的珠宝首饰。珠宝首饰制造是劳动密集型产业，在新艺术运动中经历了改革，同时珠宝与生俱来的不实用性决定了它们不适宜在战争时期佩戴。新艺术运动的价值在于，它强调了珠宝首饰的色泽和设计形式的美学价值，使人们在鉴赏珠宝时不仅仅局限于宝石的大小。设计独到首饰的理念恰好迎合了有钱新贵心血来潮的想法。珠宝设计从此摒弃了传统的艺术风格。

下图：图示为一系列爱德华时期的帽针。帽针是极少数已彻底过时的珠宝首饰。爱德华时代，相比乖张的发型人们更喜欢硕大的帽子，因此需要帽针来固定帽子。

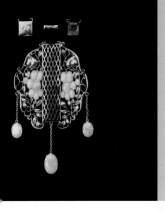

Lavalier宝石垂饰

Lavalier宝石垂饰是爱德华时代流行的一种制作极为精细的项链，它由几个彼此衔接在格栏内的结构组成，各部分都镶嵌着珠宝。据说，Lavalier宝石垂饰得名于法国国王路易十四的著名情妇露易丝·德·拉瓦利埃尔（Louise La Vallière）。图中所示是维也纳工坊（Wiener Werkstatte）大约在1915年用金子和蛋白石制作的Lavalier宝石垂饰项链。

束发带和羽饰

束发带经女装设计师保罗·波烈推广而流行，爱德华时期的晚装束发带通常配有羽饰。这种头饰依照印度大君的头巾样式设计，饰有白鹭的羽毛。自17世纪以来，羽饰流行得快、过时得也快，现在我们在军事纪念礼服中还能看到羽饰的身影。

主要风格与样式

1910 年代

冠冕和头饰

图示为查尔斯·里弗奥（Charles Riffault）为宝诗龙专门设计的重工珠宝头饰。里弗奥是金雕镂空的大师，同时他还复兴了无衬或半透明珐琅彩釉（Cloisonné）技术。

蝴蝶结和垂花饰

18世纪后期，人们首次将优雅的蝴蝶结和垂花饰设计运用到珠宝首饰上，这也成为爱德华时代耳环、项坠和胸针的一大明显特征。爱德华时代简约的环形胸针通常采用花冠或花环形的设计。

项圈

短颈链又称项圈或狗项圈，最初在爱德华时代走红是因为人们对亚历山大德拉皇后（Queen Alexandra）的效仿。据说，皇后常年佩戴多条贴脖珍珠项链来遮挡脖子上的疤痕。项圈通常由几排珍珠项链或一条缀有宝石或饰针的宽缎带组成。

浮雕贝壳

浮雕贝壳首饰引领了全新的潮流。人们最梦寐以求的浮雕贝壳是将贝壳外层部分切除，使剩余部分与较深的背景形成鲜明对比。然后将浮雕贝壳嵌入银质或者金质的基底框架中。最罕见的浮雕贝壳是意大利的火山熔岩石浮雕。

花环项链

花环项链比标准项链短，但更贴近脖颈，它通常饰有水滴形珠宝或其他坠饰。1900年代早期流行将发髻往上梳，因此就更为强调脖颈部分的珠宝装饰。

白上之白

高级珠宝首饰遵从"白上之白"的风格。人们越来越多地在镶嵌衔接部分使用银和铂金代替纯金。其中最明显的就是卡地亚的"隐秘式"镶嵌，它使钻石看上去就像漂浮流淌在肌肤上一样。

1920年代：
简约、雅致

现代主义如凤凰涅槃般从第一次世界大战中崛起，改变了20世纪的艺术面貌，将新艺术派狂热追捧的螺旋花纹和爱德华时代的洛可可花纹一扫而光。诞生于20世纪的第一代人，感觉到了排斥旧时崇拜和前人传承下来的复古风格的深层需求。现代主义显然是与机器时代相契合的审美标准：线条鲜明、精确切割、简约纯粹。

这种线条与形态的创新首度出现于奥地利建筑师阿道夫·路斯（Adolf Loos）和法国建筑师勒·柯布西耶（Le Corbusier）的作品中。阿道夫·路斯极度反感任何过度装饰的设计形式，在他备受争议的文章中，他曾感叹道："装饰就是罪恶。"他还写道："我们正踏入一个崭新的伟大时代。女性，不再依靠感官的吸引，而是依靠工作实现经济独立，以此实现男女平等。丝绒、丝绸和丝带，羽毛和脂粉，将失去功效，它们将会消失。"

也许不如阿道夫·路斯所期待的那般彻底，但时尚界确实经历了变革。越来越多年轻的、崇尚精简的1920年代西方新一代女性，她们穿短裙、无袖直筒连身裙、完美展现修长珍珠项链的低腰装束——反映了女性在职业领域、社会领域、政治领域崛起所面对的新机遇。新时代女性，也被称作时髦女郎（Flapper），把头发剪成波波头或是男式短发，使象牙材质或是立体派景泰蓝色的大号耳环更加出彩。这些"年轻聪明的姑娘"使得旧时的着装准则变得沉闷冗余，她们笑靥如画的柔软脸庞不再在扇面后时隐时现，她们的妆容栩栩如生，雪白的脂粉配上一抹红唇，宛如丘比特弓上的箭。艾丽丝·凯培尔（Alice Keppel，爱德华七世的情妇）之女、薇塔·萨克维尔·韦斯特（Vita Sackville-West）的情人、社会名流、小说家维奥莱特·特莱弗斯（Violet Trefusis）描述这些新晋的"脆弱"女神"骨若线香，眸似法贝热的珠宝，心则是威尼斯的玻璃所筑"。正如虚构的人物Terpsichore van Pusch，Lucienne专门为她设计了带有一对小水银翅膀的帽子，搭配翅膀钻石耳环。

艺术与工业

现代主义原则实际应用于小范围的设计始于包豪斯大学。包豪斯大学是一所位于德国的设计类大学，在瓦尔特·格罗皮乌斯（Walter Gropius）的赞助与支持下，自1919年成立至今。该校于1933年被纳粹势力强制关闭，但其影响力延续至今。由先锋派教师与学生组成的颇具影响力的智库所设计的作品无不体现包豪斯大学"形式追随功能"的理念。包豪斯设计必须具有适用性，并遵循人体工学原则进行视觉表达，比如马塞尔·布劳耶（Marcel Breuer）的"瓦西里椅子"，他采用钢管与帆布结合，摒弃了传统的壁炉旁椅子的设计，即过度装填带来的舒适感和对惬意家庭生活氛围的营造，也完全不同于现代主义大师密斯·凡·德·罗（Ludwig Mies van der Rohe）结构主义下结合玻璃和钢铁的桌子。

包豪斯大学鼓励设计师在作品中融入激进的理念——为工业设计。威廉·莫里斯主张造型艺术与产品设计紧密结合，但他的理念从根本上而言受众较少、不切实际。中世纪影响下的同业协会和工作坊中深情打造的伪哥特式物件再也无法满足世人对廉价消费耐用品的需求。包豪斯工厂设在城市内，接纳了凸显工业化进程和大规模生产的新世界，视工业为给每家每户带去优良设计的乌托邦道路。19世纪的法国新艺术派体现的浪漫与美学的复杂性也被全盘摒弃，取而代之的是基于基本要素的设计风格。由于资本家的视觉干扰，生活节奏变得非常快。

第44页图： 1924年，卡地亚的翡翠项链和配对的珍珠耳环创造了现代主义的优雅风范。许多优秀的珠宝设计师和仿真珠宝设计师重新诠释了艺术装饰风格的衣饰别针和宝石发带。

左下图： 现代主义是20世纪新的美学标准。勒内·博伊文（René Boivin）1928年设计的银质项圈饰有两排狭长的尖头橡子，利用自然元素创作几何图形。

下图： 让·富盖（Jean Fouque）用随意卷绕的灰金创作的项圈，饰以散落镶嵌的钻石。该项圈是于1928年为萨尔瓦多·达利（Salvador Dalí）的朋友Jean Louis de Faucigny-Lucinge公主殿下创作的。

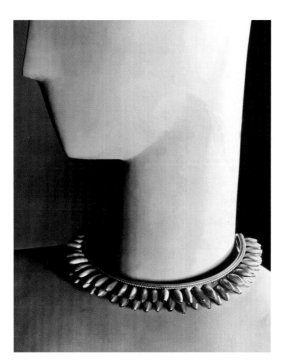

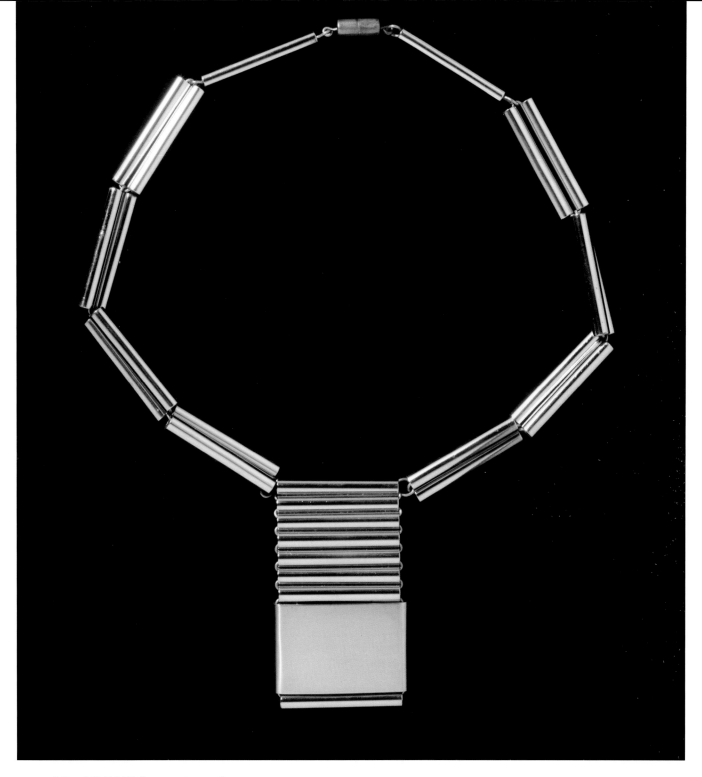

那奥姆·斯鲁特斯基（Naum Slutzky）

那奥姆·斯鲁特斯基（1894—1965年）生于乌克兰基辅，他的父亲是一位金匠。那奥姆·斯鲁特斯基师承珠宝匠安东·杜兰特（Anton Dumant），他在维也纳受训，随后于1912年在维也纳工坊有过一段短期工作经历。完成工程学的学业后，年轻的斯鲁特斯基受到瓦尔特·格罗皮乌斯的邀请，于包豪斯大学初创时期担任冶炼和冶金工作坊助教，并于1922年成为金匠大师。他在钢和铜方面的珠宝设计充分体现了包豪斯理念：质朴纯粹，任何不必要的细节均被去除，

只余下几乎纯天然的优雅美感。同时，他拒绝参照过去的设计。那奥姆·斯鲁特斯基的作品看似简单，实则设计上等，闪亮的镀铬钢铁所体现的未来感使它们独树一帜。与手镯和项链的抽象几何相联系的是俄罗斯结构主义派的视觉语言和风格派，尤其是建筑师、家具设计师里特维尔德（Gerrit Rietveld）1923年的"红蓝椅"所体现的平面开放结构。包豪斯大学关闭后，斯鲁特斯基迁居至英格兰，担任雷文斯本艺术学院工业设计教授。

上图： 珠宝设计纯粹质朴的现代主义理念在20世纪20年代包豪斯风格的那奥姆·斯鲁特斯基的作品中展现得淋漓尽致。图中是那奥姆·斯鲁特斯基利用镀铬黄铜管打造的吊坠项链。

宝石的崛起

到了20世纪20年代，包豪斯现代主义已经渗透到珠宝设计。Fouquet & Sons公司向简洁流畅风格的转变标志着一个重要时刻。法国珠宝商卡地亚和宝诗龙为原本朴素的包豪斯风格注入了捕获人心的元素，1925年于巴黎举行的世界博览会及国际装饰艺术博览会使包豪斯现代主义风尚风靡全球。巴黎大皇宫美术馆规模庞大的珠宝展览馆里，微暗玫瑰色绉纱烘托着宝诗龙、梵克雅宝（Cleef & Arpels）和梦宝星（Mauboussin）的珠宝作品。

几何图形和大颗宝石结合造就的高端奢华感催生了一种珠宝风格，这种风格着眼于硬度高的宝石，而非新艺术派珠宝设计注重的金属工艺。与手工切割不同，机械工艺的进步，如矩形长条状切割工艺，使得宝石的线条和边缘更加鲜明，与几何装饰图形相得益彰。较大的黄水晶、紫宝石和白水晶在这一时期备受欢迎，这些半透明质感的水晶搭配如珊瑚、玉石等不透明材料，或者钻石和玛瑙并置，与单一黑色形成鲜明的视觉对比，似乎与当时富有干劲的时代氛围不谋而合。赤铁石因其硬金属光泽成为珠宝行业重要的材料，其黑水晶形态和银色与灰金色抛光面或超闪亮的黑漆面相辅相成，雷蒙·唐普利（Raymond Templier）的珠宝设计尤其凸显黑水晶的精美绝伦。灵感源于1909—1929年《戏梦芭蕾》的祖母绿和蓝宝石颇具冲击力的组合在当时盛行波西米亚风的巴黎也曾风行一时。1922年图坦卡蒙（Tutankhamen）法老墓的发掘掀起了一股埃及风图案的追捧热潮，如带翅膀的金龟子、法老的头像，罗马珠宝商Castellani因其古埃及风格的奢华设计闻名于世。

上图：1925年，世界博览会及国际装饰艺术博览会在巴黎举行，华丽的珠宝展览馆使重要的艺术装饰派设计师闻名于世。

右页下图：20世纪20年代，简单的设计被赋予创新的配色以达到夸张的视觉效果。1930年宝诗龙设计的金色与黑色釉质相间的小盒子（右上图）。各式珠宝产品中均出现一抹橘色，见于1920年宝诗龙设计的奢华烟盒（左图）和1925年卡地亚设计的饰以银饰、珊瑚和钻石的粉饼盒（右下图）。

THE "TUTANKHAMEN" INFLUENCE IN MODERN JEWELLERY.

Reproduced by Courtesy of Cartier, Ltd., 175, New Bond Street, W.1.

EGYPTIAN TRINKETS FROM 1500 TO 3000 YEARS OLD ADAPTED AS MODERN JEWELLERY: BROOCHES, PENDANTS, EARRINGS, AND HAT-PINS SET WITH REAL ANTIQUES; AND A TUTANKHAMEN REPLICA.

Women interested in Egyptology, who desire to be in the Tutankhamen fashion, can now wear real ancient gems in modern settings as personal ornaments. We illustrate here some typical examples, by courtesy of Cartier, the well-known Bond Street jewellers. Taken in order from left to right, beginning at the top, the objects are described as follows:—(1) A bead of glazed faience of the Twenty-second Dynasty (about 900 B.C.). Its deep colour shows its age. (2) A figure of Isis and child in glazed faience (Twenty-sixth Dynasty, 600 B.C.) set as a hat-pin. (3) A faience head of Isis (600 B.C.) set as a pendant. (4) A faience bust of Isis (600 B.C.) set on a hat-pin. (5) A glazed faience head of Hapi, the monkey-god of the Nile (Twenty-second Dynasty, 900 B.C.) set as a hat-pin. (6) A miniature temple in glazed faience (900 B.C.) set as a brooch. (7) This is the only object on the page which is not an actual Egyptian antique. It is a miniature replica of the most beautiful alabaster vase found in Tutankhamen's Tomb. (8) Ear-rings of lehm seeds and glazed faience tubes (Eighteenth Dynasty, 1500 B.C.) set with diamonds and onyx. (9) A sacred ram in glazed faience (600 B.C.) set as a brooch. (10) A figure of Ta-urt, protecting goddess of women, in cardonyx (Thirties..th Dynasty) set as a hat-pin. (11) A scarab (Twenty-first Dynasty, 1000 B.C.) set in coloured stones as a clasp for a twisted silk belt.

UNE BROCHE ET DES BOUCLES D'OREILLE

BIJOUX. DE CARTIER

左上图：1922年图坦卡蒙法老墓的发现引发了短暂的埃及风珠宝设计浪潮。卡地亚更进一步，用古埃及手工艺品图案装饰胸针、吊坠、耳环和帽针。

右上图：卡地亚设计的埃及风胸针和耳环，1924—1925年制。源自象形文字的主题具有二维性，和风行的现代主义相吻合。

本页图：20世纪20年代的珠宝设计反映了机械制品的浪漫和现代都市生活的节奏和活力。巴黎珠宝设计师亚历山大·马查克（Alexandre Marchak）将铂金和珊瑚、钻石、创新的黑色塑料结合设计的戒指（右），约1930年制。珠宝设计师让·德普雷（Jean Desprès）设计的轴承造型嵌钻黄金镀铬戒指（下），1920—1930年制。

机器美学

法国艺术装饰派珠宝设计师包括让·富凯（Jean Fouquet）、热朗·桑多（Gérard Sandoz）、苏珊·贝尔佩龙（Suzanne Belperron）和雷蒙·坦布利耶（Raymond Templier），他们的珠宝设计均尝试使用过基本的环形几何、流畅的方形表面、线条鲜明的矩形形状，反映了设计史学家比维斯·希利尔（Bevis Hillier）所说的"驯化的立方主义"下的大众风尚。雷蒙·坦布利耶运用了艺术装饰风格中备受青睐的波浪纹，这种图案最早出现在帆布上，由第一次世界大战前在米兰和图灵工作的意大利未来主义先锋派创作而成。

速度使这些意大利标新立异派大吃一惊，这生动地反映在他们对有序的对角线、平面、角度和相互穿插图案的运用上，尤其是艺术家贾科末·巴拉（Giacomo Balla），他运用波浪纹表达了对技术改变世界的惊讶，比如在《街灯：光的习作》（1909—1910年）这幅作品中，他以色调绚丽的V形笔画强调了电灯的强光，描绘了电气化的米兰街道。机器美学也可见于塔玛拉·德·兰陂卡（Tamara De Lempicka）的画作中，她于1929年创作的自画像算得上是装饰艺术风格的象征，画中的她是俄罗斯流亡贵族，眼帘低垂，坐在闪闪发亮的绿色布加迪跑车里，戴着皮手套

和金属感的皮质驾驶帽，颈上的丝巾随风飘扬。塔玛拉·德·兰陂卡成为设计师完美的设计对象，如让·富凯，他于20世纪20年代开始运用白水晶、月亮石和镶入铂金的刻面紫水晶设计体积稍大的戒指，准确无误地判断出"如果戒指太纤细，手握方向盘的女性是无法穿戴的"。

这种颇具魅力的现代女性必定会购入灵感源于机器的极端设计，比如夏洛特·贝里安（Charlotte Perriand）、让·德普雷（Jean Després）和热朗·桑多（Gérard Sandoz）用滚柱轴承打造而成的珠宝。滚柱轴承普遍用于消除机械部件的摩擦，特别是轮轴间的摩擦，一般由简易的镀铬铜球组成，是极妙的创作形态。圆润的银色小球串在钢丝或铜线上，便成了最具现代主义风范的项链和Sautoirs（末端挂有吊坠或者长穗的长项链），这些小球还可以嵌入硬质橡胶戴在手臂上。在同龄人都得意洋洋地炫耀钻石的时代，只有具有强大气场的女性才会佩戴这类珠宝首饰。1920年，著名的双性恋电影明星玛琳·黛德丽（Marlene Dietrich）佩戴的卡地亚银质手链闯入人们的视野，这条手链秉承了装饰金色小球的轴承风格，据闻是她的情人让·迦本（Jean Gabin）赠送的礼物。

左下图：珐琅漆面银制烟盒，出自艺术装饰派珠宝设计师热朗·桑多，此作品融合了未来主义的活力干劲，奢侈不凡。

右下图：雷蒙·坦布利耶用铂金、玛瑙、珊瑚、切割精美的钻石制作的发动机形状的胸针，约1930年制。

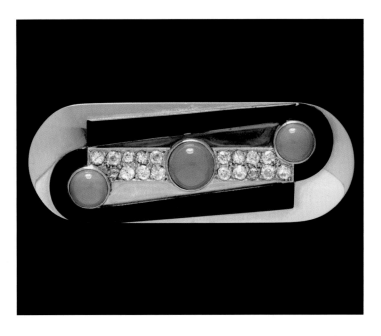

野蛮的手镯

每一个十年都有一件和社会风尚与文化思潮相契合、让人为之向往的珠宝。因为每一件珠宝的风行程度不一，这种向往也有不同的程度。20世纪20年代风靡一时的首饰，正是规规矩矩的手镯，它的材质可以是稀缺珍贵的金属，也可以是平淡无奇的树脂。思想得到解放的时髦女郎——爵士时代危险的尤物——不再受到胸衣和夸张发型的束缚。手镯打破了战前爱德华时代的束缚和桎梏，成为了现代主义的终极表达。

大多数装饰风格珠宝参照了巴勃罗·毕加索（Pablo Picasso）和乔治·布拉克（Georges Braque）画作中的几何图形。作为20世纪最具影响力的艺术运动的主角之一，这些标志性的立体派艺术家深受形式简洁、张力十足的非洲雕塑影响。毕加索的《亚维农的少女》（Les Demoiselles d'Avignon，1907年）就清晰地反映了这一点，画中的女性似乎戴着非洲风格的面具。巴黎的手镯文化圈内，收集非洲艺术品成为了一股潮流风尚，非洲文化被看做是摆脱乏味的资本主义

社会约束的生活典范。一些欧洲先锋派人士甚至借鉴非洲服饰的元素，如佩戴非洲风格的珠宝，让·杜南（Jean Dunand）的红黑漆金多环项链就曾风行一时。曾红遍巴黎的舞者约瑟芬·贝克（Josephine Baker）就是这种风格流行起来的例证，舞台上的她上身赤裸，知名发型沙龙Antoine de Paris为其打造了油亮的黑发，让·杜南为其设计了流光溢彩漆面手镯。

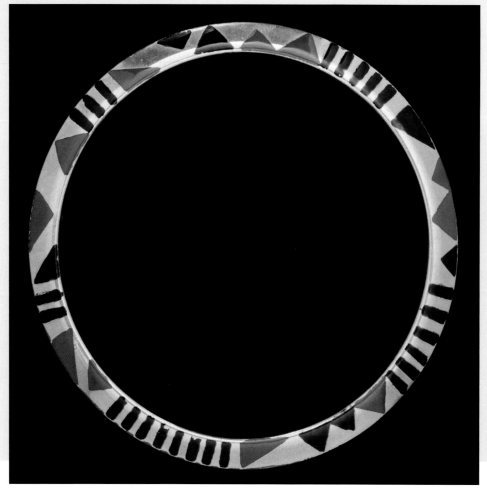

GEORGE BARBIER 1925

让·杜南（Jean Dunand）

出生于瑞士的让·杜南（1877—1942年）是一位颇有建树的雕塑家，他曾在日内瓦的工业艺术学院学习，在20世纪之交获得奖学金前往巴黎游学。在那里，他师承雕塑家吉恩·唐普特（Jean Dampt），当了五年学徒，唐普特还鼓励他努力实现成为室内设计师的梦想。杜南后来发现他擅长的是黄铜器具，黄铜器具的法语名字叫做Dinanderie，源自佛兰德城市迪南（Dinant），这座城市在15世纪曾是黄铜的重要生产中心。1905年，杜南在国家沙龙展出三只由黄铜敲打而成的质地柔软的花瓶，引起了评论家的注意。当时的一篇评论这样写道："这名才华横溢的艺术家将黄铜的特质发挥得淋漓尽致，艺术风格饱满而微妙。"

1912年，杜南从日本手工艺人菅原盛三（Seizo Sugawara）那里学习了漆器工艺，发现这种工艺可以使木头和金属的设计作品更加精良，自那时起他的职业生涯开始风生水起。杜南和著名家居设计师埃米尔·雅克·鲁尔曼（Emile-Jacques Ruhlmann）合作，将日式风格的奢华漆面融入他的设计当中，并成功创作了一系列的艺术装饰风格的漆器屏风，精美绝伦。杜南重要的设计作品包括：1930年大西洋号邮轮头等舱餐厅室内设计和1935年诺曼底号吸烟室的室内镶板设计。不久，杜南便尝试将漆器工艺应用到珠宝设计上，如金属搭扣、发夹。20世纪20年代，杜南结识了时装设计师玛德琳·薇欧奈（Madeleine Vionnet），他兴致勃发，随即为薇欧奈创作了画有三只美洲豹的漆面镶板，成为了那个年代备受欢迎的图案。

下图： 让·杜南是一名漆艺大师，从日本手工艺人菅原盛三身上学到漆器工艺。这一丛林主题的镶板创作于1930年。杜南随后将漆器工艺运用在珠宝设计上。

杜南的装饰艺术风格珠宝设计常常将铜镶嵌在银上或将漆面木器和金属结合。他的其中一种与众不同的风格设计，采用的是引人注目的棋盘图案，普遍呈红色或银色色调，将现代主义的纯粹线条和不羁的粗犷奢华相结合。大号的立体派金属耳环让人想起纽约高耸入云的摩天大楼，标志性手链的材质为大片的矩形金属片，大小抵得上立体派微型画作的创作帆布，搭配材质坚固的链子和环状装饰。规矩的硬质手镯和护腕则采用镍、铜、黄铜等打造，漆面画有立体派图案。

航运豪门的继承人南希·丘纳德（Nancy Cunard，1895—1965年）是过度华丽的杜南风格的化身。南希生于1896年，母亲是美国人，父亲是英国男爵。南希常常和她的文人朋友们驻足于巴黎的各处咖啡馆，她把这个小集体称作"堕落小团体"，成员包括爱丽丝·特里（Iris Tree），奥斯伯特·西特韦尔（Osbert Sitwell）、埃兹拉·庞德（Ezra Pound）和奥古斯·约翰（Augustus John）。1928年，南希成立了一家名为Hours Press的小型出版社，曾出版乔治·摩尔（George Moore）、塞缪尔·贝克特（Samuel Beckett）和罗伯特·格雷夫斯（Robert Graves）的作品。南希留着新兴的波波头衬出她倦怠的体态、苍白无力的四肢，显然她需要另一种风格的珠宝配饰。她喜欢在双臂佩戴特大号的非洲风牙手镯，从手肘一直延伸到手腕，还喜欢立体派的袖口手镯，以此表达她对黑人反对社会不公的支持。南希拥有数件杜南设计的抽象漆面珠宝，为了达到屈尊俯就的"原始主义"效果，据闻她会为这些饰品搭配沉重木珠做成的长项链和闪亮围巾卷成的头巾，这就是20世纪70年代叛逆风潮的雏形。

1929年，纽约时报把这些回归自然的木制、骨制和象牙材质的手工艺品称作"新野蛮人的珠宝"。以此类推，佩戴这类珠宝的南希赋予了自己非洲原始性征女性的刻板印象。她和爵士钢琴家亨利·克劳德（Henry Crowder）的爱情一度成为社会丑闻，父母和她断绝关系进一步说明南希格格不入的性格特征。到了20世纪30年代早期，所谓"野蛮人"的形象不再前卫，许多高端珠宝商吸纳了这种风格。例如，宝诗龙在1931年于巴黎世界殖民地展览会上展出了非洲风的大号袖口手镯，结合了象牙、孔雀石和紫磷铁锰矿石（一种带有醒目紫色的矿石），用抛光金珠加以点缀。

The Sketch

REGISTERED AS A NEWSPAPER FOR TRANSMISSION IN THE UNITED KINGDOM AND TO CANADA AND NEWFOUNDLAND BY MAGAZINE POST.

No. 1913.—Vol. CXLVII.　　　WEDNESDAY, SEPTEMBER 25, 1929.　　　ONE SHILLING.

THE LADY OF THE BROBDINGNAGIAN BANGLES: MISS NANCY CUNARD.

The vogue for wooden jewellery is here seen in all its glory and lavishness. Miss Nancy Cunard, the poet daughter of Maud Lady Cunard, and owner of the Hours Printing Press, was evidently fascinated by the beautifully painted and enamelled wooden bracelets and beads sold in that Mecca of the *chic*— Paris—as she bought some of the very largest ornaments she could find. Painted in all colours, they certainly become her extraordinarily well, and, well supported by the imposing background of polka-dots, they give a remarkably handsome and baroque effect to this portrait of her.

PHOTOGRAPH BY CECIL BEATON, EXCLUSIVE TO "THE SKETCH."

上图： 继承者、诗人、政治活动家南希·丘纳德，从手肘到手腕戴着标志性超大号非洲象牙手镯和"野蛮的"大号木质项链。

时装与珠宝结合

时装与珠宝之间的关系一直以来都值得探索。20世纪早期巴黎珠宝商卡地亚的掌舵人路易斯·卡地亚（Louis Cartier）和让·菲利普·沃斯（Jean-Philippe Worth）之女、著名的时装设计师查尔斯·弗雷德里克·沃斯的孙女安德莉·沃斯（Andrée Worth）喜结连理。珠宝设计师勒内·博伊文（René Boivin）迎娶了时装设计师保罗·波烈的妹妹珍妮（Jeanne），这为时装与珠宝众所周知的结合添上重要一环。但是，直到20世纪20年代，时装与珠宝更为清晰的融合理念才得以巧妙地推销给高级时装界。数家时装店和珠宝公司加入这一阵营，展出其设计。1927年，让·巴杜（Jean Pato）展示了饰有乔治·富凯（Georges Fouquet）设计的与珠宝颜色相配的裙子，两人在时装与珠宝的融合中发挥了同等重要的作用。1931年，巴黎高级时装设计师简奴·朗万（Jeanne Lanvin）和珠宝商宝诗龙共同举办展览。

可可·香奈儿（Coco Chanel）和仿真珠宝

不久，直觉敏锐的设计师们认识到，他们可以把自己的名字用于品牌珠宝上从而打响自己的品牌名号，这些珠宝带来的直观视觉体验能让人们联想到他们的高定礼服。可可·香奈儿一直以来都是精明的经营者，其低调而奢华的设计风格大获成功后，她认识到了名号的重要性。香奈儿低调而时髦的小黑裙着实将时装风尚从粗俗浮夸转向更加成熟而又捉摸不透，这对于独具慧眼的战后顾客群来说是必要的，因为他们想和爱德华时代划清界线。时尚不再意味着挥金如土，而是意味着现代女性在城市中探索自身的道路，她们也不再被视作富人的玩物或仅仅被看作打工一族。黑色早前只用于丧服，香奈儿使其成为优雅的代名词，成为任何时候、任何地方都适合穿着的颜色。小黑裙拥有简洁流畅的线条，几乎可以被视为时装界的福特汽车，它也是展示珠宝的完美背景。正因如此，香奈儿有了一个具有开创性的想法，她抛弃了宝石首饰，取而代之的是价格低廉的玻璃饰物。为什么？"因为它们在唾手可得的奢华氛围中不带一丝傲慢的气息。"

一时之间，可可·香奈儿开启了仿真珠宝的风潮。自1921年起，香奈儿时装店开始销售装饰艺术风格的珠宝饰物，这些首饰或多或少带有巴黎其他珠宝公司产品的影子，但在1924年，香奈儿与玻璃首饰界翘楚梅森·葛利波瓦（Maison Gripoix）合作设计的珠宝系列实现了突破。《时尚芭莎》把这个玻璃宝石系列

上图：这幅1924年的插画展示了传统神话巴黎审判的现代表达。长项链和珍珠头饰与晚礼服的浅色绸缎披肩相得益彰，实现时装和珠宝的完美融合。中间的礼服将珠宝融为服饰的一部分。

右页图：让·巴杜设计的无袖绸缎褶皱裙，搭配三层珍珠流苏和让·富凯设计的大号埃及风绿松石胸针，约1928年制。

称作"我们这个时代最具变革的设计"。这些宝石的设计吸收了各种各样的风格，从印度风到巴洛克风，从文艺复兴风到更明显的装饰艺术风，其中最有识别度的是珍珠项链或仿真珍珠项链，有时也会用金属珠子和水晶珠子加以点缀，当然也少不了威尼斯圣马可广场拜占庭艺术标志性的红绿玻璃。香奈儿和她的模特们就是这一新造型的活招牌，有时出现在赛跑场上，有时现身于布隆公园，戴着成串成串的珍珠项链或闪闪发光的便宜首饰，这些首饰和简洁的服饰相映成趣。1929年，香奈儿把大号的胸针别在贝雷帽上，时装店也说服其他女性效仿她的做法，把金色的马耳他十字架形状的大号金色别针别在帽子上，别针中间镶有人造珍珠，红色的心形玻璃周围围绕着钻石。

香奈儿的另一创新是绚丽宝石的低调设计，这一想法灵感来自她和佛杜拉公爵（Duke Fulco di Verdura）的合作。家财万贯的威斯敏斯特公爵曾是香奈儿的情人，以记日记闻名的亨利·钱农爵士（Sir Henry Channon）曾经称他是"亨利八世（Henry VIII）和洛伦佐·德·美第奇（Lorenzo Il Magnifico）的结合体"。据闻，威斯敏斯特公爵曾赠予香奈儿珍贵的宝石，而香奈儿还曾就这些宝石的用途征询过佛杜拉的意见。佛杜拉给了她一个慵懒的答复："想到要为这些不同的宝石进行设计就足以让人无精打采。"他提议，对这些珍贵宝石的打造重在简洁而非浮夸，把它们当作没什么价值的小玩意儿就好。佛杜拉的设计采用单链串起五光十色的宝石，低调内敛，真假难辨。

香奈儿的设计风格突破传统，具有民主精神，但香奈儿旗下的珠宝对一般收入的女性而言仍属于价格昂贵的奢侈品。直到1934年，塑料注塑成型技术的出现才使得香奈儿流光溢彩的珠宝首饰成为人手一条的标配。正是香奈儿将现代技术融入珠宝设计，而这种做法在女性渴求以低价获得梦寐以求服饰的大萧条时代产生了深远影响。

上图：1929年，可可·香奈儿在贝雷帽上别上大号胸针，诸多女性纷纷效仿。1937年，香奈儿再次以同样装束出现，搭配多串珍珠项链、Verdura公爵佛杜拉设计的马耳他十字架袖口。

可可·香奈儿谈珠宝

· 仿真珠宝不是为了带给女性财富的光环，而是为了让她们美丽动人。

· 如果你要收藏珠宝，第一件物品应该是胸针，因为它的用途极广。你可以把它别在西装翻领、衣领或是口袋上，也可以别在帽子、皮带，甚至礼服上。

· 我的珠宝从来不会与女性和服装的设计脱离。服装在变，我的珠宝也是可变化的。

· 女人应该真假珠宝混戴。让女人佩戴货真价实的珠宝，就像是让女人用鲜花覆盖身体，而非穿上带花卉图案的丝质衣物，几个小时她就凋谢了。

· 我热爱仿真珠宝，因为它们具有挑衅性。在我看来，为了炫耀，在脖子上戴着价值数百万的珠宝四处走动很不优雅。佩戴珠宝不是为了让女人看起来富裕，而是为了让女人更加动人，这并非同一件事。

· 我戴着自己的珍珠首饰上街总会有人把我拦下来，所以我开创了佩戴仿真珠宝的潮流。

左上图： 穆拉诺玻璃项链，20世纪20年代的经典红、白、黑配色，灵感源自俄国革命时期的革命宣传艺术家——结构主义派的配色试验。

左下图： 并非所有20世纪20年代的珠宝设计都属于不折不扣的现代主义风格。这条威尼斯玻璃项链表明洛可可风格仍然风行，尤其受到相对保守的女性青睐。

埃及和族裔主题

灵感源自东方、印度与埃及艺术。1922年，霍华德·卡特（Howard Carter）发现图坦卡蒙法老墓中手工艺品后，埃及主题的珠宝设计风靡一时。

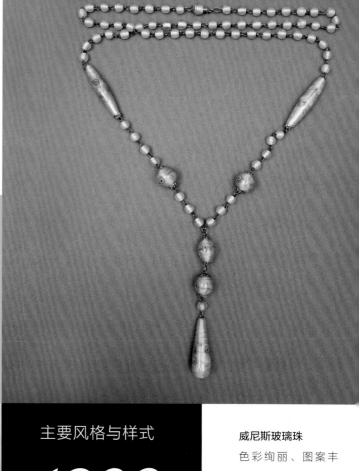

手镯和袖口手镯

被誉为"俄罗斯娇虎"的著名电影演员奥尔加·巴古拉诺娃（Olga Baclanova）佩戴一枚袖口手镯，这是20世纪20年代的潮流饰品。塑胶玻璃打造的手镯简单质朴，单臂或双臂佩戴的手镯前卫、"野蛮"，纯金打造、钻石装饰的手镯极致奢华。

威尼斯玻璃珠

色彩绚丽、图案丰富的珠子设计风行一时。融合了花卉图案的威尼斯玻璃珠受到世界各地收藏家的珍视。玻璃珠的制作过程包括对玻璃棒进行加热、延展、薄切和塑形。

主要风格与样式
1920 年代

装饰艺术风格

20世纪20年代，许多女性佩戴西班牙风格的扇形发梳，因为并非所有人都剪波波头。扇形和波浪纹设计是这个时代的主题，其不仅出现在珠宝设计中，也出现在建筑和室内设计中。图中为20世纪20年代中期的人造象牙发梳以蓝绿水钻镶边。

流苏项链

带流苏的玻璃珠长项链，最初叫做sautoirs，后来被称做"flapper beads"。流苏项链配上波波头短发下摇曳的流苏耳环，搭配流苏摆裙，让女性在如查尔斯顿舞（Charleston）等新兴舞蹈热潮中活力四射、动感十足。

机械切割的宝石

高质量的机械切割和机械抛光代替了传统的手工，这意味着可以采用更多的切面设计和崭新的复杂切工。塑料也迎合了新的机械制作过程，可适用于多种色彩和涂饰。

几何图案

爱德华时代的花卉图案设计，对现代战后世界锐意进取、寻求一席之地的新一代年轻女性而言早已过时、格格不入。20世纪20年代风行男孩子气、不受拘束的形象，需要新款的珠宝首饰与之相匹配，几何图案满足了这一需求，见上图1926年卡地亚的皇冠和颈圈设计。

玻璃和水晶

搭配银饰的玻璃和水晶，加上珠子装饰的挡板裙，可以营造闪亮夺目的效果。左图的银项链嵌入红色玻璃片，熠熠生辉。

1930年代：
华丽好莱坞

　　经过银行、企业和城市金融家多年来不择手段的博弈，1929年，美国股市终于在全球一片惊恐中崩盘。随之而来的经济不景气一直持续到20世纪30年代，史称"大萧条"。西方国家大多数人的生活都因此深受影响。美国富裕消费者的突然缺失引发了奢侈品行业的高度关注：卡地亚立即安排员工飞越大西洋去收拾尚未付款的商品；而可可·香奈尔的价格急降一半。

　　在这动荡的时代，大银幕为渴望好年景的人们带来及时雨一般的慰藉，催生了消费者对奢华产品的需求。老牌时装屋发现他们在风格方面的垄断地位很快被电影明星抢占。电影明星成为新晋名流，他们的一举一动都被影迷杂志追踪记录。时尚廓型从中性的"假小子"风格过渡到更女性化的立体设计，服装的剪裁贴合了身体的每一处曲线，更显圆润。这种风格正是巴黎设计师玛德琳·薇欧奈推广开的，而荧幕上的代表人物是美国女星珍·哈露（Jean Harlow）。珍·哈露的铂金发色掀起了一股"金发效应"，几乎风靡设计界的每一个角落。室内设计师叙利亚·毛姆（Syrie Maugham）用白色墙面、白色绸缎窗帘、白色天鹅绒灯罩和插有白百合的花瓶装饰房间。塞西尔·比顿（Cecil Beaton）曾写道"梅菲尔街的画室正变成白化的舞台布景"，而在讽刺小说《衰落与瓦解》（1928年）中，伊夫林·沃（Evelyn Waugh）描绘了脆弱的社会名流Margot Beste-Chetwynde拆毁一座保存完好的中世纪乡村建筑，代之以黑色玻璃柱廊和反差极大的铝合金扶手打造的现代主义畸形物的情形。相应地，"白上之白"的风格强势回归珠宝设计界，被包装成全新的"白上之白"，而白金和铂金成为装饰艺术设计中最受欢迎的金属。黑白电影屏幕上，璀璨夺目的宝石不经意间就能营造出引人注目的光彩。镜头所流连的每一寸闪光，似乎吸满了钻石所有棱面的白色热量，例如珍·哈露在1931年的《国民公敌》中使用的烟嘴就缀满不知名亮钻。

　　有声电影也为珠宝的剧烈变革推波助澜。沉重的串珠和丁当作响的手镯曾为默片中的肢体表演增添了夸张的舞台效果，但它们在有声电影中没有了市场。设计师尝试用橡胶珠宝打造出更贴身的项链和手镯设计，以减少它们抢戏的机会。这种新颖审美观备受关注，得到了影迷的竞相模仿。

装饰艺术美国化

20世纪30年代初期，法国艺术装饰设计师一马当先，其几何图案设计渐成气候。在珠宝商伯纳德·赫兹（Bernard Herz）的资助下，苏珊·贝尔佩龙（Suzanne Belperron, 1900—1983年）于1933年开创了成功事业。她的客户包括知名女装设计师艾尔萨·夏帕瑞丽（Elsa Schiaparelli），其为法裔美国社交名媛，还有富有的女继承人、时尚达人费洛斯夫人（Reginald Fellowes）。苏珊·贝尔佩龙的作品朴素而端庄大气，以现代主义建筑或阶梯式玛雅神庙廓型为灵感，在厚重镶嵌架中嵌入大块水晶或石英。

到了30年代中后期，动感的装饰艺术主题图案（例如犬牙纹或V字纹）虽然仍属时尚，却因增添了美式的简约而更显奢侈。这种装饰应追求速度与效率的社会而生，起源于流体动力学原理，即水流遇到障碍物时，取阻力最小的路径通过。流线型最初应用于船舶、飞机和汽车，到了1930年代，几乎所有物品都以流线型设计打造现代科技感，例如工业设计师诺曼·贝勒·格迪斯（Norman Bel Geddes）与雷蒙·罗维（Raymond Loewy）的设计。装饰艺术的生硬棱角变得圆润流畅，充分顺应了新一代塑料制品在家居设计中日益普及的新潮流。珠宝设计师欣然接纳了具有简洁流畅线条的流线型造型，例如用铬黄色横线点缀酚醛树脂等模压塑料形成光滑曲线，完美修饰了斜裁时装勾勒的紧身轮廓。修身打扮正在流行，美其名曰"流线型的摩登"。

下图左： 苏珊·贝尔佩龙为赫兹设计的一套镶钻水晶手链和戒指，出品于1935年，采用流线型现代设计。

下图： 1934年赫兹出品的珠宝。模特戴着9串玛瑙组成的手链、黑珍珠戒指、镶钻领针、树叶形耳环，耳环上的叶脉由钻石排列而成。

第62页图： 20世纪30年代，珠宝设计在好莱坞影响下掀起奢华风。如本图中霍斯特（Horst P Horst）于1939年拍摄的璀璨宝石。

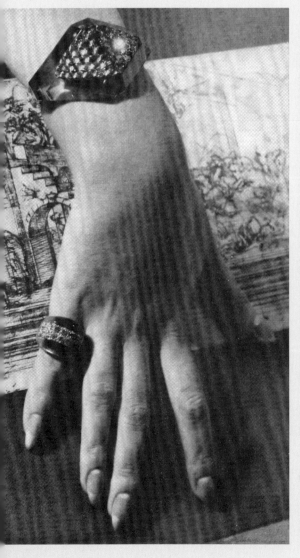

右图：苏珊·贝尔佩龙在1934年左右设计的礼服别针，从中可看出几何形装饰艺术主题图案如何向流线型的大气设计过渡。

下图：一系列时尚手链、手镯和腕饰，产于1935年。从左上方按逆时针顺序，依次是：夏帕瑞丽设计的简约主义碟形手镯；马科斯·百纳（Max Boinet）镶海蓝宝石的金色腕饰；夏帕瑞丽设计的金属手镯，由压扁的球体组成；博依文（Boivin）设计的缠绕式手链；夏帕瑞丽受工厂钝齿轮启发而设计的手镯，模特佩戴的几何形亮金色和黑色手镯来自高级时装设计师梅吉·罗夫（Maggy Rouff）。

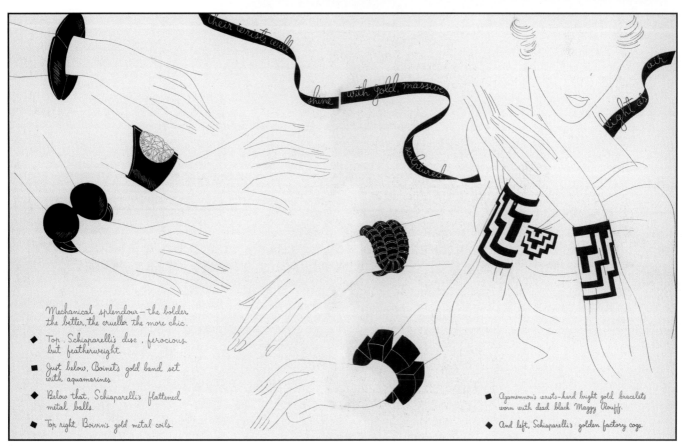

Mechanical splendour – the bolder the better, the crueller the more chic.

◆ *Top, Schiaparelli's disc, ferocious but featherweight.*

■ *Just below, Boinet's gold band set with aquamarines.*

◆ *Below that, Schiaparelli's flattened metal balls.*

◆ *Top right, Boivin's gold metal coils.*

■ *Agamemnon's wrists – hard bright gold bracelets worn with dead black Maggy Rouff.*

◆ *And left, Schiaparelli's golden factory cogs.*

在这一年代，卡地亚设计了一系列莫卧儿风潮的珠宝，灵感来源于雅克·卡地亚1911年在印度的一次探访。莫卧儿风潮是一种装饰富丽的美学风格，起源于16世纪到19世纪期间统治印度的莫卧儿王朝。这种极尽奢华的风格将华丽色彩与奢华雕刻融为一体，旨在营造人间天堂般的富丽堂皇。在漫长的莫卧儿王朝统治时期，红宝石与祖母绿等明艳的彩色宝石被雕刻成树叶和果实，尤以浆果最为知名。卡地亚被这种不可思议的美学所折服，在造访印度期间，开始向印度精英阶层征集宝石。当时，精雕细琢的莫卧儿宝石点缀着璀璨的钻石以及光滑而密集的串珠，隐秘地镶嵌在铂金中。在20世纪30年代初期，这种被戏称为"什锦水果蜜饯"的风格在好莱坞影星和王公贵族中大为风靡。蒙特巴顿女士埃德温娜就曾购买过一个价值900英镑的卡地亚束发带，其上镶有蓝宝石、祖母绿和浮雕红宝石。1936年，黛西·法罗（Daisy Fellowes）委托卡地亚设计了一款巨大的灵活衣领，别名为"印度项链"，其以铂金镶嵌祖母绿、蓝宝石、钻石和红宝石，中间两颗巨大的蓝宝石可以变成胸针使用。

上图：卡地亚于1930年左右出品的一套凸圆红宝石套装，其中包括一条华丽项链和配套的耳环及手镯，具有印度风情。

右图：1931年出品的日常珠宝。左边是梦宝星出品的花篮形胸针，采用钻石和红宝石制成。右边是一顶用羽毛别针装饰的钟型帽，镶有钻石和红、绿宝石，搭配一条卵形深红色珊瑚串珠串成的项链，由Goldsmiths and Silversmiths Co.出品。

尽管这些奢侈品如此珠光宝气，但大多数女性没有什么闲钱可以浪费在过于昂贵的饰品、手镯和串珠上。廉价的人造珠宝，如马克赛石（镶有黄铜色小矿石的银色款式）、人造钻石和酚醛塑料材质的珠宝在市场上大行其道。酚-甲醛树脂、脲醛树脂和三聚氰酰胺树脂、注塑酚醛塑料等新的塑料也纷纷上市，人称"酚醛塑料的俗丽兄弟"，被广泛用于制作色彩鲜艳的华丽廉价饰品，即所谓的"折扣店饰品"。这种廉价的材质让设计师放开手脚去实验，可以尝试极为怪诞超现实的造型，也可以演绎平实朴素的风格。

这一代的另一大特色首饰产品是从捷克斯洛伐克进口的大量玻璃珠宝。从19世纪开始，捷克一直是玻璃生产大国。贾布朗尼、哈拉霍夫和利贝雷茨这三个镇是高品质玻璃串珠饰品之乡，技艺精湛的工匠在这里将玻璃与水晶矿石镶入呈花朵状金银丝工艺的黄白合金镶嵌架。这一珠宝风格与装饰艺术有所差别，所迎合的受众是偏爱比流行摩登时尚稍轻松一些风格的人。浅水粉色、深蔓越莓色和紫色的雕琢平面玻璃项链，融简约设计与绝美的色彩于一体，收藏价值日益飙升。30年代末期，法西斯主义的盛行导致捷克斯洛伐克人纷纷逃离家乡远赴美国，其中很多能工巧匠在大洋彼岸为人造珠宝公司贡献了自己的才华。

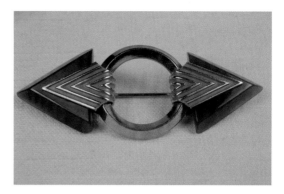

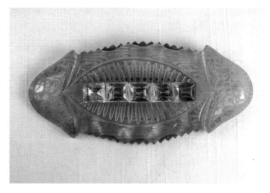

右图：从上到下为20世纪30年代流行的廉价却令人愉悦的"折扣店饰品"。在繁华商业街比比皆是——一枚苹果绿装饰艺术风的酚醛塑料发夹，中央有镀铬圆环，采用蓝色珐琅和V字纹细节；一枚翡翠绿的酚醛塑料发夹，周边的镀铬雕琢宝石模仿了马赛克石；一枚反向雕刻的苹果汁色酚醛塑料，在中央饰有一排矩形莱茵石，这种饰品品质出色，收藏价值日益显著；可拆卸的浮雕搭扣，采用金属和黑色酚醛塑料材质制成，可以佩戴在各种连衣裙的布腰带上，是广受欢迎的服装配饰；桃红色的酚醛塑料镀铬发夹，简约的外形有苏珊·贝尔佩龙的风格，结合了1930年代的时尚，融合了希腊钥匙图案。

上图：浮雕红色酚醛塑料礼服别针，1931年制，从中可看出这一年代自然形状如何经过简化而呼应30年代时装廓型的流畅极简主义。

左图： 这幅插画来自*The Delineator*杂志。这本1873年到1937年间出版的美国著名女性杂志深入报道了当代时装，并为女性提供时尚打扮的秘诀。这一介绍众多珠宝饰品佩戴方法的杂志在1930年代一炮走红。

下图左： 一款礼服别针和胸针的结合体，名叫"二重奏别针"，采用透明圆形和正方形祖母绿莱茵石制成。它源自Coro的创新设计结构，其从两侧滑入，用下推式襻扣固定。

下图： 一款捷克斯洛伐克产的项链，采用玻璃串珠、赛璐珞和莱茵石制成，从中可看出，始于19世纪的捷克玻璃珠宝加工工艺高超，名不虚传。镶嵌架采用一般的黄色金属合金。

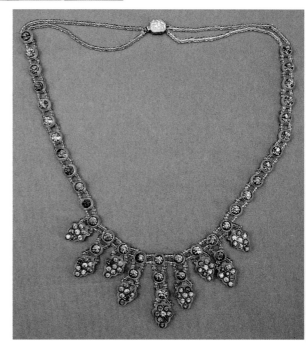

上图：一对产自1930年代的摩登项圈，豪华大气，从中可看出法国装饰艺术在好莱坞年代是如何转变为宏伟、醒目与华丽的风格。左边一款将法国黑玉与人造宝石组合，营造光彩夺目的黑白效果，右边一款是原钢与珐琅钢链条加绿色三角吊坠。

右图：一对翠法丽（Trifari）耳环，于1940年左右出品，其为皮草耳夹带有好莱坞式巴洛克风格的树叶和花朵设计，交织海蓝色珐琅缎带。

人工养殖珍珠

到了20世纪30年代，20年代风行的长珍珠项链呈现新形态：短小的两排珍珠用镶人造钻石的夹子在颈后固定。有了御木本幸吉培养的养殖珍珠，这些珍珠配饰再也不是多数女性遥不可及的梦想。这位日本珠宝商倾其一生为唯一的夙愿而努力，他曾发誓"用珍珠妆点全世界女性"。1930年代，他的浑圆养殖珍珠赢得了全世界的好评。数十年前，在19世纪80年代，御木本的家乡日本伊势志摩的支柱产业蚌业曾因渔民的滥采滥捕而一度消沉。珍珠形成的原因是外来异物（如贝壳碎片或沙粒）偶然进入了蚌体软组织，为了缓解异物进入体内的刺激，蚌采取保护措施，分泌一种叫珍珠母的晶质来包裹入侵异物，随着时间的积累，珍珠母会在异物外逐渐堆积，最终形成富有光泽的半透明珍珠。了解到这一点，御木本决定在蚌体内插入一片贝壳或金属，通过人为刺激来复刻原本偶然的过程。经过多年失败的试验（最初的研究是威廉·萨科威尔-肯特在澳大利亚完成的），历经潮汐、台风和水温变化的破坏，御木本终于在1893年7月11日迎来了突破。当他从海水深处捞出嘎吱作响的竹篮，打开里面的海蚌时，看到蚌壳里面躺着一颗乳白色、稍显奇形怪状的珍珠。第一颗浑圆的珍珠于1905年成功诞生。日本珍珠产业因御木本的养殖法而迅速扩张，到1935年前，全国共有350家珍珠养殖场。

珍珠的收藏

· 人工养殖珍珠和天然珍珠有着厚厚的一层珍珠母，因此比人造珍珠更耐磨，但与其他宝石相比，所有珍珠都很娇弱。

· 人造珍珠可采用透明合成树脂、其他塑料或玻璃制成，而玻璃人造珍珠价值较高。

· 所有珍珠都很容易产生刮痕、裂痕或污点，所以在收藏时要注意是否有磨损痕迹。

· 真正的珍珠从两侧钻孔，在中间打通。假珍珠通常在钻孔处有剥落现象，说明它们不是真品。

上图： 1920年代摇曳生姿的珍珠到了30年代被较短的多股项链取代，符合30年代简洁、别致的风格。图为八股珍珠项链，1934年由黎塞留（Richelieu）出品。

左页图： 图为1935年女星凯·弗朗西斯（Kay Francis），其为好莱坞20世纪30年代片酬最高的女星之一，身着镶满珍珠的发箍、多串手链、戒指和项链。在大萧条最严重的时期，珠光宝气的造型带来令人激动的华丽视觉体验。

珍珠项链的类型

购买珍珠项链的传统方式是看长度。

· 衣领型项链：最受欢迎的长度是25～33厘米，长及锁骨。这款珍珠项链被认为是休闲和正式场合的完美之选。

· 公主型颈链：较长的短项链，刚刚超过锁骨，长度在43～48厘米。

· 马天尼型项链：长50～60厘米，日常穿搭的标准长度，刚到抹胸上方。

· 歌剧型项链：超长款，长70～90厘米，通常缠绕几圈在正式场合佩戴，由此而得名。

· 结绳型项链：长度超过90厘米的珍珠项链，常见的例子是1928年尤金·罗伯特·里奇为电影明星路易丝·布鲁克斯（Louise Brooks）拍摄的著名肖像照。

华丽好莱坞

大萧条期间，许多珠宝设计师被迫转行，但坚守旧业的设计师则为新市场和创新做好准备。例如，保罗·弗拉托（Paul Flato）为迎合好莱坞名流的需要，专门在洛杉矶开设了一家精品店。洛杉矶取代了巴黎，成为新的魅力之都，海瑞温斯顿（Harry Winston）、塔博特·霍华（Trabert & Hoeffer）、梵克雅宝（Van Cleef & Arpels）以及卡地亚等少数精明的珠宝商家意识到了植入式广告的价值，纷纷为电影业免费提供最好的珠宝产品——当然他们的大名要出现在字幕中。在整个20世纪30年代，为了满足演艺圈对配饰的需求，其他知名珠宝商也来到好莱坞开设店铺。

好莱坞的约瑟夫

1930年，尤金·约瑟夫（Eugene Joseff，1905—1948年）从芝加哥搬到好莱坞，这位曾经的广告人迈开了珠宝事业成功的第一步，开始为群星设计珠宝首饰。他曾劝说好莱坞服装设计师沃尔特·布朗凯特（Walter Plunkett）在《塞利尼事件》（1934年）这部电影中的意大利戏服搭配的珠宝首饰应当具有类似的历史背景，而不能用20世纪的廉价珠宝来应付。此后这位珠宝设计师凭借自己的努力而声名鹊起。约瑟夫擅长将复古细节与炫目华丽融为一体，满足现代观众的需求，为好莱坞打造出众多极尽奢华的珠宝配饰。约瑟夫

的所有好莱坞珠宝从设计图到成品都在自家工厂完成，这些作品大多出租给好莱坞，而不是毫无保留地出售。凭借这一精明的商业手段，该公司迄今仍保留着大量最知名的自家藏品，这些珠宝首饰经常参与巡展。约瑟夫公司保留的经典之作包括电影《飘》中瑞德·巴特勒的烟盒、斯嘉丽·郝思嘉的项链和戒指（1939年）。其他主要的电影中作品包括为《玛丽苏格兰女王》中的凯瑟琳·赫本（Katharine Hepburn）设计的王冠，为《玛丽·安托瓦内特》（1938年）中莫伊拉·希勒（Moira Shearer）设计的华丽冠饰，以及为《江山美人》（1939年）中贝蒂·戴维斯（Bette Davis）打造的八股珍珠领饰。

只要是佩戴过这些神奇珠宝的明星，都希望能戴着它们走上红毯，因此约瑟夫为琼·克劳馥（Joan Crawford）、玛莲娜·迪特里茜（Marlene Dietrich）和贝蒂·戴维斯等女星设计了私人珠宝。在美国各地的百货商店，约瑟夫高端零售系列成功上市。他的作品大多尺寸很大，很容易辨认，具有好莱坞巴洛克装饰风格，其中融合了卷形装饰花卉、流苏和人造宝石与柔和的俄罗斯古典金色饰品，在摄影棚灯光下效果极佳。商标图案中，除了腰链式胸针中镶嵌的猫头鹰图形，还有用人造钻石做眼睛的太阳脸和融合小天使、蜜蜂或猫咪图形的悬挂吊坠。

右图:好莱坞的约瑟夫展示三款蛇形珠宝，采用18开黄金镶嵌绿宝石、红宝石和钻石，丽塔·海华斯（Rita Hayworth）曾佩戴它们出演《坠入凡间》（1947年）和《吉尔达》（1946年）。20世纪40年代，这款大块莱茵石和托帕石制成的项链曾出现在多部电影中，佩戴过它们的演员包括欧娜·满森（Ona Munson）、艾丽丝·费伊（Alice Faye）、塔卢拉赫·班克黑德（Tallulah Bankhead）和琳达·达内尔（Linda Darnell）。

上图： 富有舞台效果的翅膀形胸针，中间是蓝宝石，边镶莱茵石，约瑟夫（Joseff）出品。

右图从上到下： 一套好莱坞巴洛克风的全套首饰，采用墨玉与莱茵石制成，葛丽泰·嘉宝（Greta Garbo）曾在《茶花女》（1936年）中佩戴；海蓝宝石材质的叶形胸针，边镶璀璨莱茵石，曾亮相于《假戏真做》（1936年）；镶嵌了海蓝宝石与透明莱茵石的10克拉黄金鸡尾手链。以上均由约瑟夫出品。

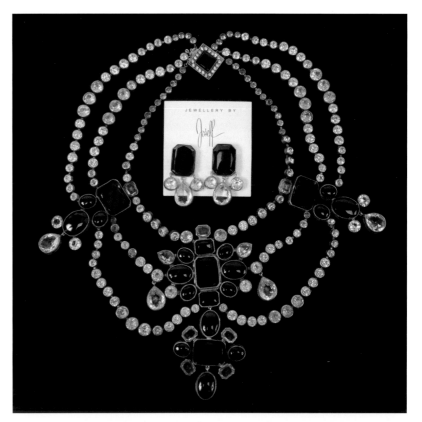

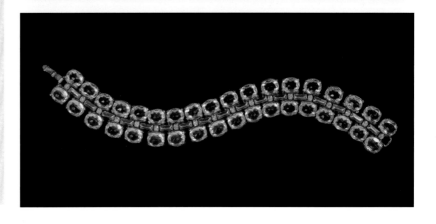

约瑟夫谈珠宝

约瑟夫在1948年2月期的《电影世界》杂志上曾给出珠宝方面的建议，内容如下：

· 如果您想要购买一个套系，请先购买一枚胸针，因为它的实用性很强，西装翻领、衣领、口袋、帽子、腰带或晚礼服上都能使用。

· 记住，金饰比银饰更容易搭配服装，托帕石是很好的宝石，在各类服装上都显得很时髦。

· 接下来应投资的珠宝是耳环，耳环的用途也很广泛，可以戴在耳朵上，也可以装饰帽子、袖口、鞋子。

· 珠宝套系中，接下来要配的是戒指。我建议选一枚大块宝石制成的戒指，外形宜独特而大气。

· 最后要配的是手链和项链，它们最不重要，因为很少能搭配所有服装，也并非能用于所有场合。

侯贝珠宝

1927年，威廉·侯贝（William Hobé）创建了侯贝（Hobé）珠宝，积极为1930年代的好莱坞电影及明星制作首饰，并在贝弗利山庄开了一家深受欢迎的店铺。该品牌始于19世纪的法国，最初专门设计舞台戏服和珠宝，以生产高品质首饰著称。1925年，侯贝的改良款进入美国电影场景中。恰是在这一年，传奇人物佛罗伦兹·齐格菲尔德（Florenz Ziegfeld）由于买不起真宝石，开始委托侯贝为其片中的歌舞女郎打造串珠戏服和花哨的人造珠宝。

侯贝是一个有抱负的公司，一直渴望生产与高级珠宝品质相媲美的产品，打出"焕发传奇光彩的珠宝"这一品牌口号，在人造珠宝中加入了真宝石。或许这正是该品牌至今在古董珠宝收藏家中大受追捧的原因，包括芭芭拉·斯坦威克（Barbara Stanwyck）、卡洛尔·隆巴德（Carole Lombard）、蓓蒂·葛莱宝（Betty Grable）和玛琳·奥哈拉（Maureen O'Hara）等在内的明星都是侯贝在贝弗利山庄专卖店的常客。同时威廉·侯贝与奥斯卡获奖服装设计师伊迪丝·海德（Edith Head）建立了密切合作关系，后者据说相当挑剔，侯贝经常为了在紧张的委托期内完成任务，不得不起早贪黑地赶工。

保罗·弗拉托

保罗·弗拉托（Paul Flato，1900—1999年）于1920年代从钟表销售员起家，后来成为美国一代奢华珠宝商。他的钻石饰品曾妆点过最耀眼的好莱坞明星，其中包括葛丽·泰嘉宝、丽塔·海华斯、梅尔·奥勃朗（Merle Oberon）等。他的第一家珠宝公司在曼哈顿57号东大街开张后，很快获得成功，销售呈现花卉、丝带和卷曲外观的"白上之白"风格胸针、项链和手链，赢得了好莱坞明星和纽约社交名媛的青睐。10年后，1941年，弗拉托在好莱坞的日落大道开了家新店，除了每年举办一次时装秀，还参与梅尔·奥勃朗主演的《夫妇之道》、嘉宝主演的《双面女郎》，并随丽塔·海华斯亮相《碧血黄沙》。在影片《休假日》中，凯瑟琳·赫本佩戴着该品牌的脚趾指环以及镶有淡黄色钻石的旭日形胸针。弗拉托最奢华的首饰是一款呈层叠苹果花外形的项链，曾妆点过女高音歌唱家莉丽·庞斯的身姿。

弗拉托的设计以幽默著称，包括根据梅·蕙丝（Mae West）沙漏型身材打造的"紧身胸衣"手链，其中镶有红宝石和钻石，以及带有迷你鹤嘴锄吊坠的"拜金女"手链。琼·贝内特（Joan Bennett）在为雷电华电影公司拍摄的一个宣传片中佩戴的一款胸针——"上帝之手"呈现手相师的手掌外形，采用18开黄金，手掌上面铺镶的钻石代表星星。

左页上图： 一款"白上之白"风格的流苏手镯和钻石戒指，1937年由纽约珠宝商保罗·弗拉托为社交名媛杰·奥布莱恩（Jay O'Brien）女士设计。

左页中图： 侯贝风格的未签名铰链式手镯，1940年左右出品，镶有海蓝宝石与红宝石，饰有金银丝细工花朵与树叶。

左页下图： 侯贝出品的两款胸针：一枚带有紫色凸圆宝石和金属丝镶透明莱茵石；一枚是大块椭圆礼服别针，以金色金银丝镶嵌无叶形装饰的黄绿色莱茵石和透明石英凸圆宝石。

上图按顺时针顺序： 红色透明和蓝色无叶形装饰莱茵石手链；铰链式手链和耳环，带镀金叶片和粉红色玫瑰莱茵石；花束胸针，点缀大颗粉红色莱茵石；两截式吊坠胸针，镶粉红与紫色莱茵石；标准纯银月长石花束胸针；标准纯银镀金花卉胸针，镶浅绿莱茵石；标准纯银胸针，中心镶人造星形凸圆蓝宝石。均由侯贝出品。

佛杜拉（Fulco di Verdura）

珠宝设计师佛杜拉的全名是Fulco Santostefano della Cerda（1898—1978年），世袭佛杜拉公爵（Duke of Verdura），生于意大利西西里岛贵族家庭，在巴勒莫城外的一幢乡村别墅长大。他的职业生涯从香奈儿起步，最初担任该品牌的纺织品总监。女装设计师香奈儿敏锐地注意到他在珠宝设计方面的天赋，于是委托他为自己的品牌设计珠宝首饰，并请他重新为这一广受慷慨富裕阶层崇拜的神话品牌重整原有的珠宝套系。来自俄国狄米大公（Grand Duke Dmitri）的珠宝被改造成一个含巨大马耳他十字形的护腕手链，而这一十字形后来成为香奈儿与佛杜拉作品中反复出现的主题图案（另见第58页）。

1934年他移民纽约后，佛杜拉完美无缺的贵族气质和其与高级时装的联系吸引了Vogue杂志主编黛安娜·弗里兰（Diana Vreeland）慕名而来，并将他介绍给著名明星御用珠宝商保罗·弗拉托。双方的智慧结晶"Verdura for Flato"系列大获成功，佛杜拉公爵一举成名，并于1939年在第五大道开设了一家专营定制珠宝的精品店。佛杜拉之前在威尼斯度假时认识的作曲家科尔·波特（Cole Porter）为他开店提供了资助。

佛杜拉在处理宝石和次宝石混搭方面有着精湛技艺，他的代表作品包括蝴蝶结、石榴、贝壳和带翅膀的爱心。他对18开黄金情有独钟，曾说这一材质让他想起西西里的阳光。而对金属的处理也为革新奠定了基础，铂金镶钻的组合曾连续数十年大行其道，但后来却被传统华贵审美理念所取代，佛杜拉镶亮钻的海马胸针就体现了这一点。

1937年，一位来自棕榈滩的客户委托佛杜拉打造一款特制的情人节礼物，以此象征他对太太永恒不变的爱。于是佛杜拉设计了一款精美的凸圆红宝石镶钻胸针——一颗黄金细绳捆绑的心，这一设计成为佛杜拉的传世之作。电影界的传奇人物，如琼·克劳馥和凯瑟琳·赫本都曾请佛杜拉为自己设计珠宝，后者在《费城故事》（1940年）中佩戴的所有珠宝即出自佛杜拉之手；而泰隆·鲍华（Tyrone Power）也曾委托这位大师打造钻石"丝带"缠绕一颗纯红宝石心。另外，佛杜拉作品中还使用了贝壳，夹在璀璨钻石构成的缠绕卷须中。

下图左： 一枚精美绝伦的胸针，在狮爪形的扇贝上镶黄金、蓝宝石和钻石，1940年由佛杜拉出品。

下图右： 1941年佛杜拉出品的一枚大块红宝石镶钻"捆绑的心"胸针，采用18开黄金和铂金镶嵌62颗凸圆红宝石和232颗圆形钻石。这款珠宝最初是一位富有的棕榈滩客户委托佛杜拉为太太打造的情人节礼物，后来成为佛杜拉的传世经典。

右图：可可·香奈儿与佛杜拉在1930年代末期正在检视一款马耳他十字形铰链式手镯。香奈儿曾委托佛杜拉为自己的品牌设计珠宝首饰，后来这位珠宝大师在纽约城自己开店经营定制珠宝。

下图右：1930年代佛杜拉为香奈儿设计的一对马耳他十字形手镯，一些经典样式经常被香奈儿时装屋重新演绎。这些铰链式手镯采用白银和象牙材质，使用彩色瓷釉，镶有多彩凸圆琢面宝石。

钻石：品牌口号的诞生

20世纪30年代的电影拥有巨大影响力，不仅可以宣传珠宝商的名号，还能彻底改变一款宝石的固有印象。经济衰退导致钻石商举步维艰，其中包括戴比尔斯（De Beers）。这家钻石商发现许多传统珠宝投资客户遇到了资金难题，为了迎合不同的市场，必须打破钻石是有钱人或极成功人士专属的固有印象。

为此，作为钻石行业强大的利益相关方，国际钻石商联合会跨出了第一步，于1934年邀请香奈儿女士将其设计才能运用于真宝石而非人造宝石中。他们改变了策略，认为通过香奈儿的巧妙饰品，这一奢华珠宝可以东山再起，于是正式委托香奈儿来革新钻石的形象。而香奈儿女士则联手她的圈内伙伴，包括家居设计师西比尔·卡尔福克斯（Sibyl Colefax）女士及室内设计师伊莉斯·德·沃尔夫（Elise de Wolfe），共同打造了一系列绝世仅有的珠宝套系，其中耳环呈现星星和彗星外形，在喉咙位置镶嵌的闪亮钻石模仿了彗星的轨迹。考虑到时处艰难时代，香奈儿还设计了很多两用首饰。耳环可以当作胸针使用，爱德华式的冠状头饰可拆开当手链和吊坠使用，而最令人惊艳的莫过于1932年出品的"彗星"项链。这款"彗星"项链瀑布般的尾巴采用649颗钻石镶嵌而成，绕过颈部搭在肩部，尾巴正好到达喉咙位置。这一套项链一经报道便大受追捧，但显然一般人甚至极有钱的人都无法承受。但这种带有星空色彩的巴洛克复古风在1940年代重新露面，被香奈儿的大对手夏帕瑞丽、鲍彻（Boucher）和朱莉安娜（Juliana）用在其作品中。

钻石下一步何去何从？戴比尔斯开始意识到，高端时尚并非钻石品牌再塑的正确途径，因为当与好莱坞的时尚秘诀相比，这一宝石总是黯然失色。大银幕上人物的一颦一笑、一举一动如此深入人心，他们的影响力岂是清高的巴黎工作室所能抗衡的。于是戴比尔斯和其他珠宝商开始把注意力投向华纳兄弟而不是高级女装界——这是否能塑造钻石的品牌效应，打造对大众市场的吸引力呢？

接下来就是聘请美国广告代理公司N W Ayer进行市场调查，了解人们购买钻石的主要理由。调查结果一目了然：这一璀璨的珠宝象征着爱情。相应的营销策略就是让钻石这一通用的符号超越戴比尔斯深入人心，目标瞄准好莱坞的梦工厂。电影杂志会刊登明星用炫目钻石首饰妆点自己的照片，同时编剧也被劝说

在故事中加入钻石作为定情信物，希望能让追求者用钻石来作为自己经济能力和真情的象征这一概念逐步深入人心。这些广告宣传做得相当成功，越来越多即将走入婚姻殿堂的情侣对戴比尔斯著名的广告词"钻石恒久远"信以为真。到1941年，钻石的销量增长了55%，80%的美国人订婚时都会选择钻戒。

黑尔斯博格钻石公司号称中西部最大的珠宝零售商，他们把握了这一机遇，在二战结束后率先开拓美国郊区市场，在其新装了空调的店铺中专售钻石首饰。

哈利·温斯顿（Harry Winston）

哈利·温斯顿因梦露的一曲《钻石是女人最好的朋友》而名垂千古。哈利·温斯顿（1896—1978年）于1932年开设专卖店，并得到好莱坞和上流社会的青睐。出生于贫穷乌克兰移民家庭的温斯顿对钻石情有独钟，据说每次购得一枚高品质钻石就会欣喜若狂，每售出一枚钻石饰品都感觉极为失落。他与戴比尔斯合作寻找全球最完美无暇的钻石，包括在1949年购得著名的"Hope"钻石，这枚45.52克拉闪着微光的蓝色宝石曾几易其主，法国路易十四也拥有过它。

哈利·温斯顿的钻石制作从寻找原石开始，然后在位于纽约第五大道的公司本部完成切割、抛光、设计和镶嵌等工序，当温斯顿的钻石最后成为富有或显赫的名媛淑女身上的装饰，即完成了它整个旅程。例如1949年电影明星梅·蕙丝（Mae West）在《戴钻石的丽尔》一片中曾佩戴的舞台道具珠宝。据称，她身上戴着"七件套腰饰，价值50万美

元；项链，价值10万美元；三条手链，价值20万美元；46克拉绿宝石琢型钻石戒指，价值30万美元；以及一款30克拉的椭圆琢型钻石戒指，价值7.5万美金"。每天晚上，这个"冰块"（这套珠宝）由快递运到金库，并在每场演出开始前及时由保安押运至Coronet大剧院。哈利的信徒还包括珍·哈露、伊丽莎白·泰勒（Elizabeth Taylor）、帕里斯·希尔顿（Paris Hilton）等，此外珍妮佛·嘉纳（Jennifer Garner）也曾从丈夫本·阿弗莱克（Ben Affleck）处获赠一枚6.1克拉的哈利·温斯顿钻戒。

哈利·温斯顿的竞争优势在于，他善于利用名流的力量，慷慨地将自己的作品出借给出席各种盛大场合的大明星，从而得以蜚声国际。他自己却从来不以清晰面目示人，在世时向来拒绝拍照，并以安全为由做挡箭牌。这位精明的商人很懂得如何给自己增添神秘感。

下图： 随着大萧条的结束，钻石开始重磅回归。图中梳着Antoine de Paris发型的模特带着鹦鹉螺形的耳夹。勒内·博伊文（René Boivin）出品。

右图： 1939年，社交名媛布伦达·弗瑞兹（Brenda Frazier）在纽约一场时装秀上戴着哈利·温斯顿价值百万美元的琼格尔钻石（Jonker Diamond）。这块冰白色的巨型钻石是南非人约翰内斯·琼格尔（Johannes Jonker）在1934年发现的，重达726克拉，在当时已开采出的最大钻石中位列第四。

钻石

钻石商不遗余力的广告宣传，使得钻石销量猛增了55%。这款钻石镶红宝石蝴蝶结胸针是温莎公爵夫人的私人收藏品，于1987年售出。温莎公爵夫人的20世纪30年代藏品不少都来自苏珊·贝尔佩龙、梵克雅宝、卡地亚和哈利·温斯顿。

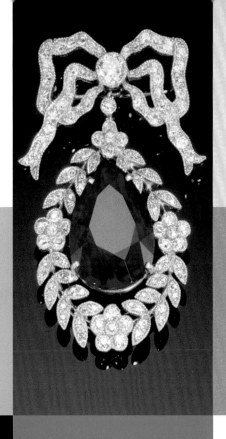

主要风格与样式

1930 年代

阶梯式与圆圈图案

现代主义的几何图形在1930年代继续风行，并被各种价位的珠宝采用。阶梯式图案、V字纹和圆圈是这一年代主流珠宝的典型特色。

花卉主题

花卉主题重返时装界，但这次显得更加简约而时尚，而不是过度写实。这幅来自1930年代的插画描绘了梦宝星出品的铂金项链与配套的胸针，兰花外形呈现异国风情，采用镶钻珐琅材质。

金银丝细工镶嵌

金银丝细工通常采用镀金和镀银的标准纯银材质镶嵌水晶宝石构成炫目的首饰，其中以侯贝最为知名。图为一款1930年代的法式鎏金金银丝细工胸针，其中镶有蓝色莱茵石玻璃珠宝。

折扣店饰品

这个词专门用来指在5元和10元店里可买到的珠宝，这些折扣店在1930年代的美国零售业中占据主要份额，最有名的要数沃尔沃斯。流行时尚图案趣味性地运用于廉价材质上，如这个装饰风的带扣和纽扣套装。

白上之白

美国女星艾琳·邓恩（Irene Dunne）在1935年左右戴着"白上之白"风格的钻石手链。这种光彩夺目的奢华行头在当时的珠宝和好莱坞场景设计中非常流行，其中用白色皮草和鹳毛搭配钻石的造型完美满足了黑白电影的同色系搭配需要。

俗丽假货

不论真假，各种价位的珠宝都在1930年代变得炫目。精美宝石经过精雕细琢，使其大放异彩，而人造珠宝也追随了同样闪耀的美学风格。

礼服别针

从20世纪20年代末期到50年代，礼服别针一直是入门级收藏家的理想起点。1930年代，大多数人造珠宝厂家都按大萧条时期的收入水平控制产品价位，同时产品的多用途也意味着这些首饰可装点任何行头。有些珠宝安装在框架内，可以组合起来当一个胸针使用。

1940年代：
人造饰品大行其道

战争年代，人造珠宝是振奋妇女士气的重要工具，因为这一时期朴素当道，服装是限量配给。在节俭生活方式引导下，服装的实用性越来越强，人造珠宝应运而生，成为完美的服装搭配品，其可以装点任何粗花呢的服装。欧洲珠宝的生产放慢了步伐，英国伯明翰和德国普福尔茨海姆等制造中心在狂轰乱炸中毁于一旦。巴黎虽然被敌军占领，却仍生活着富裕的珠宝消费者，巴黎的公司在物资紧缺的条件下保持运作。在此期间，许多没有市场的珠宝被破坏或重新组合，同时古董珠宝的市场也有所扩大。

爱国首饰振奋了海内外士气，红、白、蓝作为美国星条旗和英国米字旗的颜色，成为富有象征意义和感情色彩的颜色组合。由于奥地利的施华洛世奇水晶难以采购，珠宝公司另辟蹊径给珠宝首饰增添炫目效果，例如用透明合成树脂代替宝石。

铂金作为武器生产的重要材料，在此时根本无处寻觅，因此黄金成为重要的贵金属，虽然金箔的重量和厚度都减少了。大尺寸的胸针广受欢迎，但许多都是中空结构，同时蛇形或气管链（一种柔软的黄金管，带有蜿蜒的棱纹）成为时尚潮流。对那些买不起纯金饰品的人来说，标准纯银的镀金饰品很容易以假乱真，是不错的替代品。银镀金的创意并不新鲜，事实上，早在18世纪时就有珠宝工匠用水银和黄金涂覆白银，然后在极端高温下进行加工。当水银蒸发后，黄金就会黏在银器表面，但这种蒸发出来的有毒气体会导致工匠失明，所以到了19世纪，这种技术被禁止使用。到了1940年代，银镀金改用电镀工艺进行生产。

在香奈儿的引领下，"假货"的性质被彻底颠覆。"假货"不是仿真，而是赞美人工——没有任何一款真宝石能够得到如此广泛的使用。塑料这种可延展的材料得到了完全的认可，它能呈现自信女性需要的任何形态，人们用塑料制成苏格兰野狗、牛仔套索、亮色浆果粗项链或跳舞的小丑。

神奇的塑料

塑料作为登峰造极的现代材质，通过紧随时代潮流的工业加工而被迅速模压成型，同时低廉的价格使得塑料制品很容易被喜新厌旧的人们抛弃。赛璐珞与乳石曾在装饰艺术设计师奥古斯特·博纳兹（Auguste Bonaz）的作品中大量出现，但在1930年代一统天下的则是1907年由贝克兰德（Baekeland）发明的酚醛树脂——合成树脂（见第67页和213页）。这种人造材料异乎寻常的坚硬、耐热（因此广泛用于许多电子设备的外壳，例如吹风机和照明开关），同时还能染成各种颜色。它非常适合装饰艺术的几何结构，早年的酚醛树脂作品中将红色、黑色和奶油色与机器时代闪闪发光的铬黄色融为一体。

到了30年代末，酚醛树脂材料变得无处不在，从厨房卫浴到女性翻领，都可以看到它的身影。它可以用来生产精美绝伦、色彩缤纷的人造珠宝，也通过机床加工成栩栩如生的花朵、水果和动物，或者精雕细刻成铰链式手镯。

最受欢迎的酚醛树脂材料莫过于"苹果汁"（一种半透明的金黄色塑料），以及所谓的"费城塑料"，由奶油糖色、绿色、红色等多达五种亮色的塑料块通过胶水黏合起来形成引人注目的几何效果。1988年，在一次拍卖中，一款酚醛树脂材料制品引发了竞拍大战，最终以1万7千美元的价格成交，"费城塑料"由此得名。

按顺时针方向到中间：
斯利柏（Sleeper）让酚醛树脂材料呈现手工艺感，如图分别为：酚醛树脂零钱罐和硬币别针，巧妙呼应了节俭当道的时代；带有链条的花盆别针；有斯利柏商标的闪光涂色酚醛树脂材料小猪别针；酚醛树脂材料鸟巢别针；雕花闪光彩色酚醛树脂材料旋转木马别针。

玛莎·斯利柏（Martha Sleeper）

玛莎·斯利柏又名"科技女孩"（1910—1983年），曾是一名电影明星和喜剧女星，1925年，年方17的她就与哈尔·罗奇（Hal Roach）工作室签约。1930年代息影后，她开始珠宝设计师生涯，设计了备受瞩目的酚醛树脂珠宝，让人们在大萧条时代转移对凄凉生活的注意力。斯利柏成功地采用一种工业材质，并通过有趣的设计让产品呈现有趣的手工艺特色，包括带有金色皮革小耳朵的酚醛树脂雕花小象，戴手绘披巾、穿木屐的荷兰少女，以及一系列带有象征好运主题图案的小饰品手链（黑猫是她的最爱）。校园主题手链，包括钢笔、墨水瓶、地球仪、地图集、铅笔等小饰品也是她作品中最常见的设计元素。

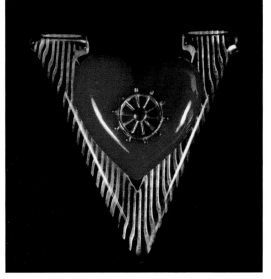

最左图：玛莎·斯利柏工具别针胸针，采用金属和酚醛树脂制成的微型小饰物。她的幽默感为花卉主题主宰的珠宝界带来新鲜空气。

左图：酚醛树脂"V"字代表1940年代的"胜利别针"。

鸡尾酒会

随着欧洲珠宝生产厂家因战乱而纷纷关门歇业，美国公司开始主导市场。艾森柏格（Eisenberg）是一家芝加哥企业，用手工精制的施华洛世奇水晶生产同色系白色饰品，其部分首饰的价格相当于普通妇女一周的工资。艾森伯格的作品具有颓废、奇幻的风格，类似于"好莱坞的约瑟夫"这种风靡全球的巴洛克大型饰品（见第72、73页），在琼·克劳馥和芭芭拉·斯坦威克等黑白电影女星主演的电影中也经常出现。琼·克劳馥曾用一句话概况艾森伯格的夸张风格："如果想要欣赏隔壁女孩，去隔壁看就是。"

欧洲的能工巧匠纷纷逃往美国避难，为翠法丽、Monet、Pennino和Napier等公司服务，而罗得岛巩固了其作为美国珠宝制造业的核心地位。克莱尔·麦卡德尔（Clare McCardell）和特拉维斯·班通（Travis Banton）等美国本土成长起来的设计师开创了独特而低调的美式造型，将奢华材质与简约经典的形状相结合。这种"羊绒加钻石"的混搭手法至今还被唐纳·卡兰（Donna Karan）和卡尔文·克莱恩（Calvin Klein）沿用。

在长滩岛或莱克辛顿大道精品店，美式的都市时尚和休闲惬意成为珠宝首饰的优雅布景，越是个性化、栩栩如生，效果越好。

右图： 1940年代的美国人造珠宝华丽浮夸、魅力四射。鸡尾酒会珠宝的设计就是为赚取回头率，谨慎周到绝不是当时的主流。图中这套珠宝产于1941年。

下图： 艾森伯格原创皮草耳夹，设计师是露丝·卡姆克（Ruth Kamke）。这位设计师从1940年起为该公司服务了30多年。这款饰有珠宝的丘比特还有珐琅款，模仿陶瓷。

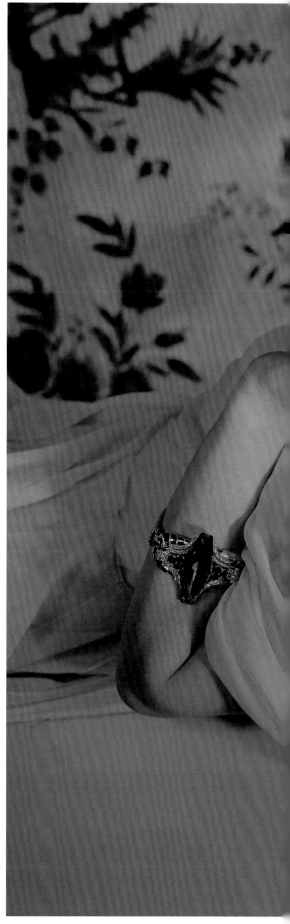

翠法丽的设计师阿尔弗雷德·菲利浦（Alfred Philippe）设计了一系列昆虫、猫狗、企鹅和名叫"果冻肚皮"的怪诞动物（得名于腹部的彩色树脂材质）图案的珠宝，镶嵌在标准纯银或镀金材质中。菲利浦对细节一丝不苟，以至于人们无法区分翠法丽的人造珠宝与天然宝石。1953年，美国第一夫人玛米·艾森豪威尔打破传统，在总统就职典礼舞会上佩戴了翠法丽珠宝。菲利浦为第一夫人设计的珍珠短项链、三股手链和耳环与粉红色真丝双面横棱缎晚礼服相得益彰。礼服的设计师是著名女装设计师内蒂·罗森斯坦尼（Nettie Rosenstein），她曾有一句得到广泛引用的名言"省去的部分才是礼服时髦的原因"。但这条晚礼服仍然缀有两千多颗莱茵石。

上图：1940年代的一款胸针，由螺旋形的贝壳和两枚长羽毛造型组成，翠法丽出品，位于罗德岛州普罗维登斯。

右图从上至下：翠法丽1948年出品的金色莱茵石胸针，弗雷德·菲利浦将其设计为阴阳图形；一款1941年出品的珍珠镶银树叶形胸针，琢面模仿了莱茵石，在战争期间供不应求；一款引人注目的佩斯利图形金色莱茵石胸针，翠法丽出品。1937年，当翠法丽商标名称正式注册后，为了方便辨认防止假冒，该公司制作的每一件珠宝都打上了商标。

艳丽、炫目、倾倒众生，鸡尾酒会珠宝要的就是这个效果；采用镀金网眼金属和螺旋形或阶梯形形状的醒目搭配，底面镶嵌宝石。Coro的设计总监阿道夫·卡兹（Adolph Katz）制作了一系列适合各种消费水平的鸡尾酒会珠宝，其中一款安装在弹簧上的胸针"Tremblant"在佩戴者行走时会微微颤抖，主题图案采用莱茵石蝴蝶，效果非常逼真。爱莉丝·盖薇妮斯（Alice Caviness）曾是一名时装模特，她设计的一款珠宝点缀着银质金银丝细工蝴蝶结、情侣鹦鹉和花篮，在悲惨战争年月里体现了怀旧的女性气质。Coro广受欢迎的"二重奏"（Duette）礼服夹采用珐琅铸铁合金或银材质，镶嵌水晶小线条，可从托架上拆下单独佩戴，也可组成一个别针使用。其更高端的产品则冠以"Corocraft"品牌。鸡尾酒会的包袋和珠宝合二为一的例证是梵克雅宝发明的传世之作"妩媚"（Minaudiére），一款将钱包与化妆箱融为一体的百宝匣，呈时尚金属盒子外形。匣子内结构复杂，暗藏机关，便于携带香烟、零钱、化妆品，以雕刻黄金、白银打造，或涂有平滑生漆。卡地亚也设计过一款金色和黑色珐琅百宝匣，可容纳一管小口红，但每次唇膏用完，必须让珠宝厂家重新加入新唇膏。

左图：1942年侯贝出品的一款胸针，时尚而天然的设计具有典型的时代特色，一款银质公鸡别针，产于1940年左右，印有"Sterling by Corocraft"字样。Corocraft是Coro的一个副品牌，Coro公司曾在1901—1979年间营业。

上图：一位打扮成美式户外造型的模特，该造型在1940年代掀起了时尚界的革命，与繁复的法式高级女装分庭抗礼。这款草绿色山东绸连衣裙产于1945年，点缀着一枚金色Coro别针。

右页最左上图：一款维多利亚复古风手工别针，黄铜材质，白色花朵中间镶粉色莱茵石，点缀着大颗海蓝色莱茵石。到1940年代，手绘主题还呈现时尚的超现实主义风格。

马瑟尔·鲍彻（Marcel Boucher）

1940年代最浮华的设计中，少不了鲍彻（1898—1965年）的作品。1920年代，这位法国珠宝匠在巴黎卡地亚接受培训，随后移民美国纽约并自立门户，开创了马塞尔·鲍彻公司。他的合伙人阿瑟·哈尔贝斯塔特（Arthur Halberstadt）在前台销售，鲍彻则在幕后负责设计。该公司的洛可可悬挂饰物和蝴蝶结无不体现卡地亚对其的影响，但经典法式风情被夸张演绎成更华丽的效果。该公司同时还生产大量自然主义胸针，呈现羽毛、花枝、水果与鲍彻商标等造型，包括极有收藏价值的异国风情天堂鸟，预言了1950年代高级女装的奢侈趋势。这种鸟类最适合鸡尾酒晚会珠宝，每一根羽饰都采用金色金属雕刻而成，胸部和尾巴采用铺镶法点缀人造钻石，栖息在缀满树叶和花朵的枝头。鲍彻还设计能活动的机械珠宝，例如能张开嘴吃鱼的鹈鹕胸针，花瓣如追随阳光般舒卷自如的花朵系列。鲍彻于1965年去世后，妻子桑德拉独自将公司支撑到1972年，作为一名天才的设计师，桑德拉还同时为哈利·温斯顿和蒂芙尼设计首饰。

左下图：马瑟尔·鲍彻设计的一款华丽的莱茵石花朵胸针，"白上之白"风格体现了他曾受到卡地亚的熏陶。卡地亚曾在20世纪初引领这一"白上之白"风潮。

左中上图：马瑟尔·鲍彻1941年设计的一款珐琅樱桃别针。这款设计给佩戴者增添了甜美气质，樱桃图案也成为珠宝首饰的经典主题，在1940年代和1970年代最受欢迎。

左中下图：一对金星玻璃丘比特手持莱茵石丝带，上面垂挂着琢型水晶红心，这是马瑟尔·鲍彻对法式洛可可的现代演绎。

下图：金星玻璃材质的手，手执自由火炬，火焰是粉红琢型水晶玻璃，具有爱国主义象征的皮草夹，由马瑟尔·鲍彻于1942年设计。

哈斯基珠宝（Miriam Haskell）

美国人造珠宝设计师玛丽安·哈斯基（1899—1981年）出生于印第安纳州奥尔巴尼一个有4个子女的家庭，她的公司至今尚存。哈斯基于1924年开始珠宝设计和生产，并于1926年在纽约市麦克·阿尔卑斯大饭店开设了第一家精品店"Le Bijou de l'Heure"。她在此经销的珠宝套系更多源于新艺术运动与装饰艺术的遗风，作品的图案多来自大自然而非机器，其中对称与几何图形是主要的设计特色。

哈斯基的珠宝首饰被纽约时尚界一些重要人物购买。电影明星琼·克劳馥拥有每一季的哈斯基首饰，而露西尔·鲍尔（Lucille Ball）定期会从洛杉矶赶来看最新单品的私人展示。冷艳优雅的温莎公爵夫人则将哈斯基介绍给了可可·香奈儿。一位是美国设计师，一位是法国女装设计师，这两位同样崇尚自由独立的职业女性之间培养起深厚友谊，会一起喝咖啡，谈论从她们最爱的品牌Maison Gripoix处新购得的慕拉诺吹制玻璃串珠。

哈斯基与其首席设计师弗兰克·赫斯（Frank Hess）共同打造了很多含蓄精美、做工精细的首饰，两人的合作一直持续到1960年代。每一颗威尼斯玻璃珠、波西米亚水晶玻璃和人造巴洛克珍珠都通过手工焊接到精致黄铜花边上，随后用另一个花边来隐藏焊接留下的痕迹。接下来将串珠加工成立体形状以打造纹理层次，用柔软蜜色细工金属丝将其串在一起。为此，每一件首饰的加工时间长达3天之久，在人造珠宝界可谓登峰造极，这也解释了哈斯基偶尔昂贵的产品价格。

第二次世界大战爆发后，哈斯基被迫选择塑料珠、贝壳和水晶等替代材料，因为这些材料的产地离公司距离较近，采购方便。到了1950年代初期，哈斯基的设计愈发精美而炫目，因为经历过战时物质匮乏洗礼的女性渴望展现更加张扬的魅力。这一时期的廉价小饰品中，有一款华丽耳环以木槿花为灵感，涂上金色和瓷白色漆，还有一款好莱坞巴洛克风的装饰别针，超长项链的多股水晶串珠夹杂着日本珍珠、珊瑚或金色树叶，而胸针则镶嵌各种宝石、珍珠和玻璃串珠，串珠呈海蓝色、知更鸟蛋壳蓝、淡粉色等色泽。

下图：哈斯基与弗兰克·赫斯合作的一整套首饰，附拉里·奥斯丁（Larry Austin）的画作（下中图）。粉红色套装包含一款三股手链、三个礼服夹和一条项链。

下图左与右：拉里·奥斯丁为哈斯基珠宝套系创作的原创水彩画，以推广哈斯基的首饰，实物如右页图所示。

哈斯基珠宝的收藏

· 所有珠宝首饰都是手工制作，非常脆弱且难以保存。

· 1947年以前，哈斯基作品没有个人标记。1947年以后，哈斯基的作品上都盖椭圆马蹄形姓名章，这个椭圆章盖在挂钩或搭扣上。

· 早期未签名的项链一般会有精致的盒形链扣，后来的签名珠宝使用可调节挂钩和吊钩。

· 识别哈斯基珠宝真假的方法是看此前的广告，例如左页图所示。

· 几乎所有哈斯基的作品都使用了穿孔金属（1943年前）、塑料（战争年代）或金银丝细工板（战后），其从未使用过网线。

左上图：哈斯基与赫斯设计的珠宝套系，包括一条手链、胸针和三个金色旱金莲叶夹子。

右上图：未签名的珠宝套系，1940年哈斯基出品，有机器生产的玻璃材质的粉红色和淡紫色花瓣。

最左图：哈斯基与赫斯1940年出品的一整套珠宝系列，包括一条海蓝色玻璃串珠组成的套索式项链，饰有银色树叶和铺镶有莱茵石，还有一条带透明莱茵石树叶的海蓝色玻璃串珠球项链，以及一条四股手链。

超现实主义的奇特影响

20世纪30年代，现代主义的替代者横空出世，以超现实主义的变化形式大行其道，而超现实主义艺术运动对30年代的珠宝产生了全面的影响。超现实主义沉迷于奇异迷幻的艺术风格，其中最令人瞩目的要数萨尔瓦多·达利（Salvador Dalí）、李欧诺拉·卡灵顿（Leonora Carrington）和雷内·马格利特（René Magritte）的作品。画家与设计师们从丰富的意象中汲取灵感，这些意象曾在纯粹的抽象过程中丢失。维也纳精神分析学家西格蒙德·弗洛伊德（Sigmund Freud）的著述启迪了艺术家们的思维，根据弗洛伊德开创性著作《梦的解析》（1899年）中的论述"解析梦境是理解无意识的途径"，画家们努力探索内在自我，试图用视觉形式演绎风马牛不相及的事物。诗人孔特·德·洛特雷阿蒙（Comte de Lautréamont）有句令人毛骨悚然的诗可以说是超现实主义风格的缩影："美得像一台缝纫机和一把雨伞在解剖台上相遇。"

艾莎·夏帕瑞丽（Elsa Schiaparelli）

1924年以来，巴黎一直是超现实主义运动与高级女装共同的中心，而这两者势必会碰出火花。生于罗马的夏帕瑞丽（1890—1973年）与神秘的画家达利的作品就是证明。夏帕瑞丽是一名坚强的单身母亲，出身罗马知识分子家庭，后迁往巴黎设计具有视觉冲击感的女装。她曾设计外形呈高跟鞋、羊排和裸露大脑的帽子，还有马戏团小丑及杂技演员形状的纽扣，以及玻璃鸟笼手袋。

在夏帕瑞丽位于旺多姆广场的精品店橱窗内，达利设计了异想天开的橱窗展示：一只鲜粉红色泰迪熊栖息在电影明星梅·蕙丝（Mae West）红唇形状的沙发上，躯干开出抽屉。社交名媛黛西·法罗（Daisy Fellowes）等也穿上夏帕瑞丽的麂皮女鞋，上面点缀着一排阿司匹林组成的项链——日常用品也变身为女装的小饰品。夏帕瑞丽很多早期作品都与画家挚友一起设计，其中包括达利、克里斯汀·贝拉尔（Christian Bérard）和让·谷克多（Jean Cocteau），他们的作品都有一种惊悚的质感，与沃尔弗斯等新艺术运动实践者的风格如出一辙（见第15页）。豌豆荚和昆虫都成了项链吊坠，胸针呈现手、眼睛和风笛的形状，正如夏帕瑞丽自己总结的那样："困难时期的时尚总是荒谬的。"

1940年，夏帕瑞丽离开巴黎，前往纽约开拓时尚事业疆土，在纽约开设精品店出售女装成衣、香水、内衣和珠宝。她发现授权他人使用自己的品牌名称也可以为公司增加营收，于是便授权David Lisner公司生产夏帕瑞丽的品牌珠宝。这一精明的经营手段直到1950年代才得到迪奥等设计师的广泛采用。她的设计壮观雄奇、令人印象深刻，包括人们熟知的模压成型爪镶透明虹彩宝石，通常被称为"西瓜石"，还有一款1955年由施华洛世奇开发的大颗粒北极光莱茵石。夏帕瑞丽1954年退休，1955年，夏帕瑞丽珠宝系列停产。1973年，她出售了自己的品牌和企业，1974年后，美国生产商不再继续生产她的设计。

右图： 夏帕瑞丽1938年设计的"异教徒"系列项链，当时超现实主义正处于时尚巅峰。黄色罗缎丝带和紫色天鹅绒蝴蝶结组成的爱德华式短项链，上面悬挂一串串镀金松果。将大自然与皇家元素异想天开地融为一体，是纯粹的超现实主义设计，具有些许恋物癖的风格。

下图： 多股弧面形祖母绿宝石串成的项链，佛杜拉于1940年左右出品。

萨尔瓦多·达利（Salvador Dali）

二战爆发时期，萨尔瓦多·达利（1904—1989年）离开西班牙远赴美国，并于1948年跨界涉足珠宝业。达利的第一个珠宝设计是与佛杜拉合作的，两人经美国女继承人克瑞斯·克洛斯比（Caresse Crosby）介绍，在一所废弃房屋内见面。当时这位特立独行的艺术家将这所房屋布置成蜘蛛网和书组成的超现实主义场景，还建议佛杜拉一起参观墓地，挑选骸骨，用"闪闪发光的可爱小骨头"制作珠宝。1941年7月，在为美国Vogue杂志撰写的一片文章中，达利这样描述他们之间的合作关系："佛杜拉和我曾努力探索，到底是珠宝为绘画而生，还是绘画为珠宝而生，但我们相信，它们是为彼此而生的。这是一种有爱情的婚姻。"

达利最早的作品包括微型画，是在象牙和黄金上精心绘制的，镶有甲壳虫和骸骨形的次等宝石。1941年，达利在纽约现代艺术博物馆举办个人展，其中展出了一款风格奇幻的黄金烟斗，采用动物胫骨组成，镶嵌的红宝石模仿了血滴。1949年，达利与阿根廷银匠卡洛斯·阿莱马尼（Carlos Alemany），以及其芬兰商业合作伙伴艾瑞克·厄特曼（Eric Ertman）签约，由一组工匠将他们纸上的设计稿打造成精美珠宝。其中运用了达利最标志性的图案：18开金雕成的电话，镶红宝石和祖母绿；梅·蕙丝的红唇变身红宝石和珍珠牙组成的胸针；镶钻眼睛里长了一颗带指针的钟面眼珠。《永恒的记忆》胸针（1948—1949年）源于达利1931年的同名绘画，湿面饼般软塌塌的钟面采用黑白珐琅打造立体造型，镶有钻石。

女继承人丽贝卡·哈克尼斯（Rebecca Harkness）曾邀请达利设计了最富有争议的"海洋之星"（钻石和红宝石镶成的海星）胸针，胸针中央是一颗珍珠，从镶满祖母绿的树叶中生长出来。海星的手臂经过工程设计，可操控其转向不同位置，戴在手上时，营造出这个生物紧紧吸住人的印象，显得非常奇特。哈克尼斯以较为挑逗的方式，将它戴在左边乳房上。

巴黎出生的伊夫·唐吉（Raymond Georges Yves Tanguy, 1900—1955年）是另一位超现实主义绘画大师。他在1937年前后以自己的绘画主题设计了一系列红木戒指，模仿了其知名抽象"海底生物"梦幻景象中的岩石形状（1960年代初，这些戒指采用黄金重新铸造）。1938年，艺术赞助人佩姬·古根汉（Peggy Guggenheim）委托唐吉将他的一对迷你画作镶入黄金，制成耳环。古根汉在她的回忆录中这样写道："我是如此激动，以至于等不及它们风干就戴上耳朵，导致其中一只被我弄坏。然后我让他再给我画一幅。本来两只耳环都是粉红色，但现在他给我画了一只蓝色的。它们都是漂亮的迷你画作，艺术评论家赫伯特·里德（Herbert Read）曾说这是他见过的唐吉最好的作品。"

然而，最令人印象深刻的超现实主义珠宝并不是达利的作品，而是出自一家根基深厚的巴黎企业迈松·博伊万（Maison Boivan）。1938年，一位古怪的德克萨斯州百万富婆走进了这家公司，手里拿着自己农场的长角牛头骨，要求将其复制成胸针。创始人雷内·博伊万（René Boivan）的女儿贾曼·博伊万（Germaine Boivan）制作了一款10厘米（4英尺）高的作品，铺镶钻石映衬着一个眼窝中喷涌出的一圈祖母绿宝石，加上紫色蓝宝石饰带和抛光黄金牛角，惊艳的设计大受追捧。

珠宝首饰"垮掉的一代"

乱世之中，必有人逆浮华之道而行。怀旧风似乎成为一种文化，通过追忆过去美好时光逃避战争的恐怖，而超现实主义则完全无视冲突的政治本质，注入了致命的颓废。让-保罗·萨特（Jean-Paul Sartre）的存在主义，或者杰克·凯鲁亚克（Jack kerouac）的"垮掉的一代"的散文启发了青年人寻求新的表达方式。

1940年，美国珠宝界开启了一场革命性的现代主义浪潮，否定唯利是图的重商主义，期盼嬉皮士运动的到来。在旧金山和纽约，亚历山大·考尔德（Alexander Calder）、哈里·伯托埃（Harry Bertoia）、山姆·克雷默（Sam Kramer）、罗尔夫·思嘉（Rolph Scarlett）以及玛格丽特·德·帕塔（Margaret de Patta）开始将注意力转向手工珠宝，决定像修改自己的画作那样，将珠宝尺寸改小。这种一次性的可穿戴艺术品得到眼光敏锐的波西米亚风消费者的青睐，因为她们更想展现自己的人文气质而非身价。格林威治村一家反主流文化的珠宝商的一位客户曾回忆说："1947年左右，我来到埃德·维纳（Ed Wiener）的店里买了一款方螺旋形别针。这款别针很漂亮，我也买得起，它能彰显我所选择的群体身份——有审美品味、知性、政治上激进。这款别针是我们的徽章，戴在身上，我们感到很自豪。它歌颂了艺术家的心灵手巧而不是材质的市场价值，钻石是俗气的象征。"

1948年，一场名为"低于50美元的现代珠宝"的巡展在明尼阿波利斯沃克艺术中心开展，展出了众多新现代主义画家和艺术家的作品，其中包括纽约的保罗·洛贝尔（Paul Lobel）和亚特·史密斯（Art Smith），以及旧金山的玛格丽特·德·帕塔和鲍勃·温斯顿（Bob Winston）。观众们意识到了有一种现代的替代品，可以代替曾经如此流行的显示身份的珠宝。既然奢侈材质俗不可耐，由之打造的繁花显得尤为土气，黄铜和红铜可代替黄金打造迷你雕塑。

上图： 战后的美国在时装和珠宝方面都呈现简约风格。图中两位模特戴着梵克雅宝的人造珠宝，简约的设计为1950年代的抽象风潮埋下伏笔。

右图： 1955年前后，美国"垮掉的一代"珠宝商山姆·克雷默正在格林威治村研究新设计。现代主义运动是1950年代珠宝设计的主导潮流，而他是美国现代主义运动的先锋人物。

上图： 一款抽象金属短项链和胸针，克雷默于1955年前后设计，其有机图形抽象艺术风格受到超现实主义画家唐吉的影响。

山姆·克雷默（Sam Kramer）

山姆·克雷默（1914—1964年）的作品将美国现代主义运动与超现实主义融为一体，体现了两个流派在审美方面的重要联系。克雷默毕业于匹兹堡大学新闻系。1930年代末，在担任好莱坞记者期间，为了缓解工作压力，他开始制作珠宝。他在匹兹堡的工匠处学习了珠宝工艺，并于1939年在纽约格林威治村开设了自己的工作室和专卖店，制作具有浓厚超现实主义元素的银饰，将贵金属与偶尔拾得的材料（如造礁珊瑚、玛瑙贝壳和标本上的玻璃眼珠）相结合。他的作品中胸针与耳环呈现变形的怪异动物形状，用独眼巨人的眼睛当脑袋，格林威治村与"垮掉的一代"相关的知识分子对这类作品趋之若鹜、口口相传，而克雷默也因此名利兼收。

将门把手设计成黄铜材质的手，并在三九严冬带上猪皮手套，诸如此类的小细节也让人们对克雷默的门店饶有兴趣。克雷默的广告词是"轻度癫狂人士的奇幻珠宝"。1942年，一位记者这样评价道："他的口号是一种巧妙的心理暗示，让人们通过暗示自己并非乏味之人，产生购物欲望，然后进店兴奋地晃着产品图册说'我就是有点轻度癫狂'，于是大买特买。克雷默发的卡片里有一句话是：'我们的产品能激发最可恶的自我——半癫狂状态中隐藏的极致古怪'。"这位记者还爆料说，"克雷默曾在定制珠宝中加入几颗臼齿，有时也会在胸针中加入客户自称从自然历史博物馆里找到的陨石碎片。"

通过潜意识自由发挥并倡导创作的自动性，实现了一种自发性的创意，几乎是偶然之间，超现实主义另辟蹊径地获得创意效果。画家马克斯·恩斯特（Max Ernst）等运用自动绘画技巧，让画笔在纸上随意乱涂，描绘无意识的思想。而克雷默在创制新铸造技术时，偶然溢出了金属，也找到了类似的灵感之源。于是他开始想象"黄金和白银在火焰融化后，如何将其控制并叠加起来重新熔化，最终形成的雕塑带有这种火炼痕迹和火焰般动感纹理"。他表示："我个人完全沉浸于艺术的情绪氛围。在我看来，珠宝应当表达同样的情绪状态，时而细腻、时而带有强有力的冲击感，但通常都难以言表。珠宝艺术品应当能牵动观赏者的情感和思考。"

亚历山大·考尔德 (Alexander Calder)

美国出生的画家亚历山大·考尔德（1898—1976年）以抽象的活动雕塑和静态雕塑著称，他的作品以红黑色漆涂绘钢材，制成堪称美国现代主义巅峰之作的动态雕塑。同时他还是一位卓有成就的珠宝师，他的珠宝设计也呈现同样的形式特征，每一件作品都是手工在铁砧上锤打制成，采用黄铜、银和黄金材质。1906年之后，红铜成为他最爱的材质，他曾经用街上拾到的废弃电话铜导线给妹妹的洋娃娃做了项链。在他的作品中，有很多如浮木、沙滩玻璃和碎陶片等拾得物品，使得他与超现实主义试验联系起来。螺旋是考尔德最喜欢的形状之一，对他来说这一形状象征着生育，非常适合用来制作黄金螺旋婚戒，他曾给妻子路易莎一枚这样的婚戒。

左图：西蒙·德·波伏娃（Simone de Beauvoir），法国作家，女性主义先驱者之一，佩戴着一款由画家亚历山大·考尔德设计的胸针。像波伏娃这样的知识女性通常对华丽的珠宝视而不见，偏爱具有艺术内涵的设计。

下图：亚历山大·考尔德设计的一款部落风手链，采用白银捶打成螺旋形状，这一形状是亚历山大作品中常见的符号。

玛格丽特·德·帕塔（Margaret de Patta）

铁匠玛格丽特·德·帕塔（1903—1964年）曾于1940年代初在芝加哥艺术设计学院学习，师从欧洲移民、包豪斯艺术家拉兹洛·莫霍利-纳吉（László Moholy-Nagy）。莫霍利-纳吉是美术与设计界抽象派的先锋人物，他的结构主义对帕塔产生深远影响，后者在现代主义设计中大量运用了交叉的平面和动态夹角。在自学成才的宝石切磨师佛朗西斯·J·斯皮利森（Francis J Sperisen）的帮助下，帕塔将宝石和结构合二为一，创作了巅峰之作。帕塔与斯皮利森深知，当一块玉石被切割或按某种方式光学切割后，会呈现动态的光线效果，同时帕塔用印度轻木制作了宝石镶架的模具，以实现最佳光学效果。他们寻求光线的扭曲或半透明效果，而不是璀璨光芒，因此选择用紫水晶、电气石和烟晶营造漫射效果，与下方金属镶架的叠层表面相互呼应。帕塔曾说："我发现我自己的工作问题主要集中在以下几方面：空间对接、有目的的运动、半透明视觉探究、反光表面、阴阳对立、结构与新材料。单一作品中可能融合了上述多个方面的探究。雕塑与建筑设计中常见的问题是珠宝设计与生俱来的问题，例如空间、形态、张力、有机结构、比例、纹理、互相贯通、叠加和精简手法等，其中每一个元素都在同一整体内起到重要作用。"

右图，顺时针方向： 一款简单的雕刻银戒指，1946年产；一款1947年产的几何风戒指，半透明石英电气石突出了镶架的简约设计；一款1939年产的仿生银胸针；一款标准纯银胸针，苔藓玛瑙和石英晶体以及黑色缟玛瑙以动态几何的组合展现出俄罗斯结构主义的影响；1960年产的一款黄金、托帕石和贵橄榄石制成的别针，玩味了简单的平衡元素。

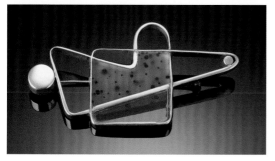

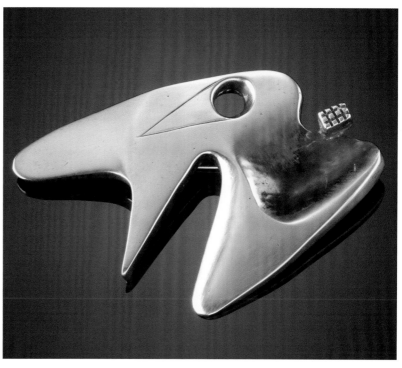

金属与木材

战争导致珍贵材料短缺，因此设计师们从他处寻找灵感。这款意大利项链和胸针采用金属和木材制成，制于1942—1945年。达利等意大利设计师在对这方面的时尚探索中一马当先。

超现实主义

超现实主义的一大关键主题就是自然物体，因为它们具有象征意义和结构之美。除了达利、佛杜拉和夏帕瑞丽，考尔德、克雷默和帕塔也探索了生物变体造型。

"果冻肚皮"

镶有巴洛克珍珠的天鹅别针，由佛杜拉于1940年前后设计。这是当时流行的"果冻肚皮"的奢侈示例，"果冻肚皮"的始祖是翠法丽的阿尔弗雷德·菲利浦采用树脂材质制作成各种具象形态的彩色"肚皮"，并镶入镀金或镀银镶架。

莱茵石

莱茵石是玻璃制成的琢面宝石，外形类似钻石，在1940年代的珠宝首饰中得到广泛使用，尤以美国人造珠宝生产中心——罗德岛普罗维登斯产的莱茵石出名。这一人造珠宝价格低廉，让女性有机会像电影屏幕上明星们那样拥有令人眼花缭乱的效果。

主要风格与样式

1940年代

爱国别针

1940年，星条旗、军队主题、纪念章和采用红、白、蓝三色的甜心主题，这些元素全面进军珠宝饰品，尤其是采用酚醛树脂、金属或珐琅制成的饰品。

标准纯银

战争时期，贵金属供应短缺，而标准纯银因为是少数可以用于人造珠宝的贵重材质，所以日益流行。作为一种高级合金，标准纯银至少含有92.5%的银和7.5%的其他金属（通常是红铜）。

花卉主题

装饰艺术的几何图形曾是战时珠宝制作的主流，后来在1940年代被前卫的花卉图案取代。战争的危险让新维多利亚情怀摆脱束缚，多年来过苦日子的妇女渴望用带有更多炫目莱茵石的珠宝满足自己的浪漫梦想。

镀金白银

源于法语"Veneer"，镀金白银又名金包银。这一工艺包括用电镀法给标准银镀一层薄薄的金，打造纯金一般的外观。这款胸针是镶次等宝石的镀金白银，有浮雕细工和蛇形链环。

高级珠宝

人造珠宝的精美程度堪比高级珠宝，有时两者很难区分。侯贝等公司甚至在作品中将真假宝石混合使用。图中女星梅格·芒迪（Meg Mundy）佩戴的是一套凸圆祖母绿镶钻珠宝。

1950年代：
世纪中叶的璀璨

　　经历多年的战争浩劫，巴黎终于重新敞开时尚的大门，高级女装品牌全面恢复运营，而渴望新行头的女性也屏住呼吸等待着新的时尚潮流。她们并未等待太久，1947年，一场时尚界的革命在全世界展开。高级时装设计师克里斯汀·迪奥（Christian Dior）的巴黎专卖店内，售货员向一名兴高采烈的客户介绍了迪奥全新的花冠（Corolle）系列。设计师希望女性都能像花朵的花瓣一样绽放成熟魅力，身穿迪奥的服装，人们好像淹没在真丝绸缎花瓣的海洋，修身版型、紧身带让整个造型奢华无比。正如时尚杂志《时尚芭莎》所说，女人们终于可以告别多年来的缝缝补补和精打细算，敞开胸怀迎接迪奥"新风貌"（New Look）带来的怀旧浪漫。

　　黄金依然流行，但其表面更有质感，镶嵌的宝石也呈现绿松石、珊瑚、紫水晶和珍珠的缤纷组合，颜色上刻意借鉴了当季法国高级女装的色调搭配（虽然钻石仍然是女性的首选珠宝）。事实上，珍珠正经历着一场复兴，出现了香槟色、咖啡色和貂皮色等新色彩，其淑女风范与雍容典雅的明星格蕾丝·凯利（Grace Kelly）相得益彰。

　　现代主义仍然伴随俗丽的设计继续前行，而饰品到了这一时期则受到斯堪的纳维亚半岛的影响。这一地区的设计师们带来一种柔和而天然的风格，在银匠乔治·杰生（Georg Jensen）的作品中表现得淋漓尽致。与所谓"原子时代"相关的抽象图形在纺织品设计、室内设计和珠宝中蔓延，为战后世界带来新鲜灵感。星体爆炸、生物形态和分子结构在享有盛誉的公司出品的钻石饰品中出现，或者以红铜或陶瓷材质在市场上得到演绎。

法式具象珠宝

轻佻而怪诞的具象珠宝点缀着璀璨的人造钻石和色彩艳丽的凸圆宝石，这些曾在战争年代风行的饰品到了1950年代依然风头不减，但增添了法式的格调。法国高级女装重新吸引了人们对巴黎时尚的兴趣，而对很多人来说，法国是高雅品味的源头。不论是文化上的陈词滥调，还是铸铁材质镶人造钻石的埃菲尔铁塔与精心装饰的贵宾犬，法国的一切元素都大受欢迎。女装也为炫耀这些逗趣的珠宝首饰而进行了专门剪裁：七分袖让腕部成为瞩目焦点，需要搭配缀满小饰物的手链；晚会上，露肩低领为华丽的多串式项链提供了完美背景。法国卡地亚珠宝公司在这一时期首创了"猎豹"珠宝，由贞·杜桑（Jeanne Toussaint）与彼得·勒马尚（Peter Lemarchand）设计。黄金、蓝宝石和钻石镶成的"猎豹"大获成功，其中很多款原创设计至今仍在生产。

鸡尾酒戒指

美国仍然是好莱坞的天下，而好莱坞光彩照人的明星不仅选择海格勒（Stanley Hagler）等美国人造珠宝商生产的惊艳鸡尾酒珠宝，还参演了它们获利丰厚的广告。琼·克劳馥心甘情愿地为哈斯基当模特，而露娜·特纳（Lana Turner）则为纳皮尔（Napier）拍摄了广告。多丽丝·戴（Doris Day）给狂热影迷献上了造型建议。1953年她曾说："对于天黑以后的约会，珍珠铆钉耳环与配套的短项链是完美组合。一副珍珠耳环会让你感觉立刻变成百万富翁——不管是真富翁还是假富翁！"她还告诫自己的观众，"时髦不是有钱人的专利！"

鸡尾酒会珠宝一词是从鸡尾酒戒指引申开的，这些鸡尾酒戒指在1950年代珠宝中呈现较大尺寸，是名副其实的指节套环，用厚重金色金属镶嵌各种炫目的人造宝石。手套非常重要，地位高贵的妇女不戴手套就不出门。同时，及肘的晚礼服手套也能让人们把目光投向女士们白嫩的香肩和天鹅般的玉颈，而把戒指戴在手套外层而非里层，已经成为不可或缺的规范，如玛丽莲·梦露（Marilyn Monroe）在音乐剧影片《绅士爱美人》插曲《钻石是女人最好的朋友》中难忘的时髦造型。

第106页图：图为一位模特在1957年佩戴着胥莱讷（Schreiner）珠宝。胥莱讷是一家总部在纽约的人造珠宝公司，以采用基石或超长长方石著称。该公司在1950年代曾与多位美国时装设计师合作。

下图：1956年卡地亚、宝诗龙、杰拉德（Garrard）和本森（Benson）出品的一系列珠宝。随着巴黎女装展现精心修饰的魅力，精致珠宝成为优雅造型的必备品，这些知名的巴黎和伦敦企业在战后重新夺回领导地位。

右图： 1950年代，格蕾丝·凯利、奥黛丽·赫本与杰奎琳·肯尼迪等时尚达人让珍珠回归时尚舞台。图中这款1959年出品的七股珍珠项链极尽奢侈之能，以钻石镶绿松石耳环及项链锦上添花。

让·史隆伯杰（Jean Schlumberger）与蒂芙尼

出生于法国阿尔萨斯的史隆伯杰曾于1930年代与夏帕瑞丽合作，设计怪诞的纽扣和洛可可风珠宝，包括流行的丘比特和珍珠主题，他1956年加入蒂芙尼。这位设计师有个私人画廊，设在一个建筑夹层中，配专用电梯。在这里他创作了最具奇幻色彩的设计，为达利式超现实主义主题带来生机。史隆伯杰用珠宝装饰叶子、贝壳、热带植物和海洋生物，其巧夺天工的自然主义设计受到了温莎公爵夫人、伊丽莎白·泰勒和杰奎琳·肯尼迪的追捧。标准石油公司的女继承人米莉森特·罗杰斯（Millicent Rogers）曾在1951年请史隆伯杰为其设计一枚胸针，菜豆植株的外形点缀着翡翠豆粒，叶子上装饰着翠榴石。

史隆伯杰表示："看到大自然，我就看到了活力。"他的作品捕捉了花朵刚刚绽放的美妙瞬间，具有达利代表作品一般超凡脱俗的神韵。蝴蝶与蜜蜂的翅膀镶着钻石，身体则以最珍贵的宝石加以区分和点缀，似乎正在振翅飞翔，或者随意地栖息在戒指或项链一侧。用他的话说就是："我尝试了让它们看起来好像正在生长、正在运动，处于不均匀、随机、天然的状态。"商业伙伴尼古拉斯·邦加尔（Nicholas Bongard）这样描述与史隆伯杰一起在墨西哥度假期间从海洋中寻找灵感的过程："我们坐船出海时，他在浅水区伸手捞出一个带着苔藓的贝壳。第二天，我们在他的工作室就看到了草图。"史隆伯杰最后设计出的手链造型就是蓝宝石海水和祖母绿苔藓烘托的钻镶贝壳。另一海洋生物——海蜇则以圆顶月长石簇做身体，点缀着圆琢型钻石和镶嵌着长阶梯琢型蓝宝石的柔软磨光黄金做长触手。1957年，史隆伯杰在一条漩涡般镶钻飘带所缠绕的项链上，镶嵌了全世界最大、最精美的金丝雀钻——传说中的蒂芙尼钻石。

上图：1950年代的一款蓝宝石18开黄金镶钻的花头发夹胸针，以黄金和铂金为镶架，史隆伯杰设计。这款五瓣造型由铺镶钻石花瓣、椭圆琢形蓝宝石和凸起的别致松果枝组成。

下图：史隆伯杰为蒂芙尼设计的一款项链，1950年前后出品。外形呈现精心雕琢的黄金绳索流苏，并镶红宝石和亮琢型钻石。这款首饰非常壮观，适合超有钱的富人。

右图：1952年史隆伯杰设计了这款风格奇幻的花卉别针，表现出他对所有自然主义事物的热爱。在他1950年代的作品中，大自然就是奢华的象征。图中倒弧角耳夹系蒂芙尼出品。

奢华怀旧：克里斯汀·迪奥的影响力

克里斯汀·迪奥的"新风貌"（New Look）强调了魅力、修饰和成套配饰。他设计的女士套装随着季节而变，需要搭配相应的迪奥首饰。精明的人造珠宝商敏锐地意识到珠宝首饰以及礼服的这种季节性更替会带来更多商机，于是群起仿效。有些商家甚至派遣设计师赴巴黎秀场，以便从这位女装设计师的最新作品中吸取灵感。迪奥最名贵的珠宝首饰都是委托当时的顶尖设计师定制的，其中包括胥莱讷（Henry Schreiner）、米歇尔·玛尔（Mitchell Maer）、科波拉与托波（Coppola e Toppo）以及山姆·克雷默、罗伯特·古森斯（Robert Goosens）和乔赛特·格里普瓦（Josette Gripoix）等，这些珠宝的佩戴者也都是全世界最富有的女性。迪奥珠宝华贵典雅，就像其"新风貌"成衣一样，呈现维多利亚怀旧色彩。例如，迪奥在日间礼服和晚礼服中使用裙撑，当这些蓬松的圆下摆短裙初次亮相时，观众们无不为其倾倒。

19世纪珠宝的花卉主题通过放大比例，采用醒目的假宝石而焕发现代风貌。这位高级女装设计师对旗下珠宝也实行同样严格的质量控制，采用大型爪镶花瓣形莱茵石以及红、黑、金色的华贵手工焊接镶架，在优雅魅力和高能炫目之间实现完美的平衡。米歇尔·玛尔于1952—1956年期间获准生产迪奥的珠宝，并创作出广

受欢迎的独角兽胸针，延续了这种贵族风格。而不久之后，迪奥珠宝开始供不应求，这家设计工作室只得授权其他公司使用迪奥品牌生产珠宝，其中包括德国公司高仕（Henkel & Grosse），其从1955年起开始为迪奥代工。

迪奥的新维多利亚式外形轰动一时，以至于1950年代的其他珠宝公司，如佛罗伦莎（Florenza）、Art（也称 Mode Art）和Judy Lee等，也纷纷开始以自己的方式演绎迪奥的主题。约瑟夫·巴里安于1938年创办的纽约好莱坞珠宝（Hollywood Jewelry）有个子公司Hollycraft，就是这一风格的典型代表。Hollycraft从1948年开始生产，迅速响应了迪奥在一年前推出的"新风貌"系列，其"维多利亚复兴"（Victorian Revival）运用了19世纪的主题图案，例如金银色铸铁材质的花簇、花环和垂花饰，并镶以色彩缤纷的莱茵石，粉彩色的珠宝套系引发大众共鸣，大获成功。

左页左图： 纽约Hollycraft公司出品的三款"维多利亚复兴"珠宝套系。Hollycraft公司是好莱坞珠宝公司的子公司，1950年代因设计迪奥风珠宝一炮走红，至今仍有很高的收藏价值。

左页右图： 迪奥1959—1960年秋冬时装秀，当时迪奥已经去世，由顶尖设计师伊夫·圣·洛朗（Yves Saint Laurent）继承其衣钵。这种爱德华风格的窄底裙引发了骚动和热烈的反响，但并未流行。图中富有光泽的绸缎搭配了配套的苹果绿和白色莱茵石珠宝。

下左图： 1950年代，迪奥委托高品质人造珠宝生产商生产了一系列至尊饰品。克雷默就是生产商之一。图中这款精美的莱茵石胸针带有安全别针，克雷默于1950年代中期生产。

下右图： 克雷默于1950年代为迪奥制作的一款胸针。外面一圈圆润的三角形外形由深紫红的半圆形爪镶水钻组成，里面的三角形由红色的长圆形红宝石组成。

三股珍珠

1953年，伊丽莎白公主的父王意外去世，公主被加冕为英格兰女王，迪奥的贵族气质与1950年代的现实生活有了交集。在加冕仪式的筹备阶段，新闻报纸定期向人们介绍伊丽莎白女王，其中有张伊丽莎白女王的母后抱着刚出生的长女拍摄的照片，照片上未来的女王就戴着三股珍珠项链。

她的项链非常引人注目，珍珠与王室向来密不可分。从亨利八世及女儿伊丽莎白一世统治时期开始，王室任何显赫成员都以珍珠作为尊贵地位的视觉标志。另外，戴安娜王妃于1981年宣布订婚前，身着垂荡领衬衫配单股珍珠项链试图躲避摄影记者的倩影还让人历历在目。伊丽莎白一世标志性的"无敌舰队肖像"中，这位处于权利和地位巅峰的君主几乎从头到膝盖都以珍珠装饰，进一步证明珍珠体现了高贵的风格和品味。

1969年，理查德·波顿（Richard Burton）购得世界上最大的黑珍珠之一——"漫游者珍珠"（La Peregrina），赠予妻子伊丽莎白·泰勒。这颗珍珠最早归西班牙国王菲利普二世所有。不久之后，伊丽莎白·泰勒差一点把它弄丢了。在她的回忆录《我和珠宝的情缘》一书中，当时的恐慌之情溢于言表："我走出门，嘴里发出疑惑的咕哝，我光着脚东跑西跑，试图在地毯里找到些什么。我努力让自己镇静下来，让自己看起来好像目标明确，其实心潮起伏，心烦意乱。我四下查看，看到那只白色京巴狗，它正在咀嚼骨头，我花了好久时间才恍然大悟。当我掰开小狗的嘴，这颗完美的珍珠就在它嘴里——感谢上帝，它完好无损！我终于对理查德有所交待，不过至少等了一个星期！"

珍珠有着洁白的光泽、无暇的质地，与较为浮华而俗气的钻石相比，更能体现出阶层地位。任何时尚达人只要想给自己的形象增添一点贵族气质，就会选择珍珠项链。美国第一夫人、20世纪的时尚偶像杰奎琳·肯尼迪在多次国事访问中，包括在访问日本、希腊以及1962年那次著名的访印活动中，都戴着经典的三股珍珠项链。在摄于印度乌代普尔的这张标志性照片中，杰奎琳身着奥列格·卡西尼（Oleg Cassini）设计的修身杏色真丝连衣裙，前面有蝴蝶结，搭配白手套以及随处可见的珍珠项链，这张照片登上了美国《生活杂志》。这位白宫女主人的另一张知名照片是与儿子约翰的合影，其中小约翰趴在她膝盖上调皮地把项链拉到妈妈脸上。

杰奎琳让珍珠重归时尚，而她的个人魅力也随着她的首饰深入人心。1996年杰奎琳逝世后，她的珍珠拍出211500美元的高价。这些人造珍珠最初在古德曼百货公司只卖35美元，能卖出这样的高价，确实不可思议。中标人是富兰克林铸币厂，这家公司分析了这139条来自欧洲的人造玻璃珍珠，制作了一模一样的仿制品，并涂上与正品一样的17层软漆。该公司共卖出130000件仿品，总收入达2600万美元。

施华洛世奇水晶

1955年，曼弗雷德·施华洛世奇（Manfred Swarovski）与克里斯汀·迪奥联手为流行的莱茵石创造了一个全新品种——五光十色的"Aurora Borealis"莱茵石。这一突破性宝石带有多彩的金属涂层，就像浮在水面的石油一样呈现光彩夺目的万花筒般视觉效果。这一新材料的诞生为蒂罗尔公司带来及时雨一般的动力，经历多年的战乱之后，这家公司由于缺乏高品质水晶，正愁着无法供应珠宝。

施华洛世奇从一家小型的波西米亚玻璃制造厂起步，成立于19世纪初期。这家最初的小型家族企业如今已成为全球公认的水晶制品头号品牌。波西米亚是欧洲玻璃工业的中心，所产玻璃与意大利的穆拉诺玻璃相比，品质优良、价格低廉。

公司创始人的儿子丹尼尔·施华洛世奇（Daniel Swarovski，1862—1956年）是位天才的发明家，痴迷于各种形态玻璃的他开创了很多沿用至今的水晶加工技术。1892年，他发明了一种精确切割玻璃水晶的技术，其用机器打磨水晶多个琢面，生产出闪烁感堪比钻石的棱镜水钻。丹尼尔为机器原型申请了专利，并于1895年和弗朗茨·魏斯（Frank Weis）和阿曼德·考斯曼（Armand Kosman）创办了施华洛世奇公司。由于新的玻璃切割加工机器需要大量能源，他们把厂址选在阿尔卑斯山奥地利一侧的瓦腾斯。这里附近有水力发电厂，能提供足够而有效的廉价电力。

20世纪初，丹尼尔的三个儿子——威廉斯、弗里德里希和阿尔弗雷德精简了玻璃生产流程。到1913年，他们凭借完美无缺的生产工艺打造出无瑕疵的人造水晶，享誉全世界。1920年代，香奈儿与夏帕瑞丽等女装品牌纷纷采用施华洛世奇水晶。但真正慧眼识"珠"的是迪奥，迪奥发明了"Aurora Borealis"水晶宝石并加以宣传，充分挖掘其时尚潜力。夏帕瑞丽也是众多爱上施华洛世奇的珠宝设计师之一，移居美国后，夏帕瑞丽在抽象和花卉主题的设计中反复使用这款神奇的宝石，通过夸张的色彩组合打造炫目的北极光效果，例如蓝绿色配深紫红色或虹彩海军蓝搭配深宝石红。

20世纪70年代，施华洛世奇打造了自己首款畅销系列——水晶老鼠，一名员工偶然之间把玩了水晶吊灯的零碎材料，突发奇想地设计了这种水晶摆件。同样在这一年代，施华洛世奇公司发明了立方氧化锆，以此制作几可乱真的人造钻石，至今仍是人造珠宝生产的主流技术。该公司同时还开始扩张，开始在罗德岛州普罗维登斯生产自己的人造首饰，而不是为其他公司供应首饰用的水晶宝石。流光溢彩的玻璃水晶宝石得到广泛采用，例如紫翠玉背面琢型水晶宝石和蓝色宝塔水晶，佩戴者戴着它走动时，会折射出三种不同蓝色。

左上图：一款金色的花卉手镯，1955年出品，镶嵌着全新的施华洛世奇"Aurora Borealis"水晶宝石，彩色金属涂层赋予其绚丽夺目的棱镜效果。

左中图：一套由胸针和耳环组成的套饰，1950年代哈斯基出品。胸针采用半透明的透明合成树脂，呈现"轻如空气"的质感，上面镶有玻璃水晶和玫瑰花结（水晶串珠）。

左下图：一款精美绝伦的天使形胸针和配套耳环，出自加拿大设计师古斯塔夫·谢尔曼（Gustave Sherman）之手，诞生于20世纪50年代，采用了圆琢型和马眼琢型施华洛世奇"Aurora Borealis"水晶。谢尔曼在1947—1981年生产人造首饰。

右图：苏茜·帕克（Suzy Parker）戴着哈斯基设计的人造月长石项链及耳环。随着1950年代女装风格一统天下，哈斯基的代表性精致花卉设计不再流行。

珠宝佩戴礼仪

　　良好形象是战后女性的必备，因为她们被劝告在丈夫面前"保持可爱形象"，以赏心悦目的仪容迎接丈夫下班回家。在这一美好新世界，女性受流行文化的压力，不得不在各种场合下都打扮得体，无论是在家还是外出。她们的时尚造型受到条条框框的约束，时尚书刊充斥着关于如何打造体面造型的建议和技巧。为避免任何着装方面的失礼，家庭主妇们开始学习珠宝搭配方面的鸿篇巨著，例如1951年出版的教导女性如何正确打扮的《穿着讲究的女性》曾风靡一时。作者写道："珠宝有两种，一种是人造珠宝，也称'服装'饰物，可采用任何装饰性材料制作，另一种是真珠宝，采用贵重宝石或次等宝石镶黄金、银、铂金等材料，超级富有和时髦的人也可采用帕拉第奥式（Palladian）材质。两种珠宝都非常漂亮，但不能同时佩戴。"他的珠宝佩戴法则是：

　　·身穿普通服装、乡村服装或休闲服时，不要过度装饰自己。

　　·戒指会让人的注意力集中在你的手和手指上，佩戴戒指时，手和指甲必须经过精心修剪和保养。

　　·不要在同一根手指上同时佩戴一个以上的戒指，除非是戴婚戒的那个手指。

　　·长吊坠或水滴状耳环仅适合晚会或非常正式的场合，日常生活中，最好佩戴小耳夹或耳钉。

　　·与其把自己装饰成一颗圣诞树，还不如佩戴一条好项链或引人注目的首饰。

右图： 1950年代的一位女性被劝告要从早到晚保持最佳装束，强调良好的着装和仪容。珠宝首饰也有自己的礼仪——白天装束适合搭配的耳饰是耳夹，如果白天戴摇曳生姿的耳环就会显得失礼。

水晶灯耳环

摇曳生姿的水晶灯耳环是个很有说服力的例子——稍有不慎，它们反而让你看上去很低俗。50年代的女性发型较短，可以露出耳垂，因此在日常装扮中，耳夹和螺丝夹耳环等贴近耳朵的饰品成为焦点。到了晚上，又是另一番主题——摇曳生姿的水晶灯耳环从好莱坞走向了世界各地。水晶灯式设计源于印度和中东，数百年来，在这些地区，层层叠叠的黄金耳环是财富和地位的象征。到了18世纪，随着鸡心形挂饰的流行，水晶灯耳环越境进入欧洲时尚界。1950年代的水晶灯耳环较为花哨，长耳环中使用的超大宝石，好像从层叠的吊灯上垂下，水晶灯耳环因此得名。挂饰越长，耳环越重，有些挂饰几乎垂到肩膀，因此这种耳环需要使用人造宝石和较轻的金属镶架。

在1950年代末期，水晶灯耳环成为电影明星的装饰，而这些女性通常以魅力四射、聪明伶俐而张扬著称，她们在台上台下都有着轰轰烈烈的感情经历。玛丽莲·梦露、艾娃·加德纳（Ava Gardner）、珍·曼斯菲尔德（Jayne Mansfield）与伊丽莎白·泰勒等都违背了传统贤妻良母的行为准则，通过在大银幕上塑造的本色形象，她们向众多女性明确表达：魅力不一定来自于驯良主妇，高调、性感、火辣的女人味成为女人的新标签。

左图： 1950年代，随着女性流行短发，水晶灯耳环成为时尚焦点。18世纪，源于印度和中东的水晶灯耳环曾是社会地位的象征，而到了这一时代，大多数人造珠宝厂家开始为各种消费层次的消费者生产水晶灯耳环。

幸运手链

带护身符或小饰物的手链这一习惯古已有之，在波利尼西亚文化中，手链中带有玛瑙贝，而埃及人在葬礼上也在腕上戴着环形饰物，从而避免邪灵侵害，并向地狱神灵暗示手链主人的地位。到了近代，"垄断"游戏的创始人查尔斯·达罗（Charles Darrow）也是受到妻子手链的启发，发明了这一著名的纸牌游戏，其中包括大礼帽、熨斗和战舰等饰物。

众所周知，在19世纪末，维多利亚女王在丈夫阿尔伯特王子去世后戴的金手链是最早的幸运手链，上面有迷你小盒吊坠，打开后可看到家庭成员的肖像。维多利亚女王的幸运手链是极为个性化的首饰，上面每一个幸运符都蕴含着感情色彩，而不仅仅是民间象征好运的普通护身符。

20世纪40年代末到50年代初，从战场上返乡的欧洲士兵为心爱的人带回了旧硬币、小纪念品等小饰物，钻了孔之后挂在链条上，由此引发这一复古首饰的流行潮。珠宝商们嗅到了这一新潮流的商机，专门设计了芭蕾舞鞋和小马等小饰品，希望吸引小女孩们就此开启自己的腕之旅。新潮少女们非常喜爱幸运手链，当时的手链款式非常多样——铂金或高含金量的适合富裕阶层，铸铁的适合低收入者。最新流行时尚尽在其中：为钢琴家利伯雷契（Liberace）众多粉丝打造的利伯雷契幸运手链带有钢琴和枝状大烛台等小饰品；纽约世博会；第一颗人造卫星；1956年首次生产的猫王手链，含一个吉他小饰物和一颗破碎的心，象征他的热门唱片《伤心旅馆》，还有一个含有猫王照片的小盒式吊坠。较年长的女性很快也加入少女们的行列，其中包括知名女帽设计师莉莉·达切尔（Lilly Daché）和露西尔·鲍尔（Lucille Ball）。后者作为护身符爱好者，在她主演的热播电视剧《我爱路西》中也戴着自己的幸运手链。最知名的要数玛米·艾森豪威尔，这位前第一夫人曾收藏了一款带有21个小饰物的幸运手链，每一个饰物分别代表丈夫从政生涯中的不同里程碑，都是由第五大道珠宝商专门打造的。

到了50年代，佩戴幸运手链已经演变为美国女孩少女时代的惯例，黄金或白银手链成为进入青春期的纪念物，上面的小饰品也随着她们的成长不断增加，比如16岁生日、高中毕业、婚礼、生育等特殊纪念日等，蜜月旅行目的地，甚至是发生浪漫邂逅的沙滩上的沙粒也可以装入小瓶当吊坠使用。这一女性专属的小饰品体现了女性为人妻、人母的居家色彩，而当女权运动开始，文化建构的女性刻板印象开始受到质疑，幸运手链也就此失宠。随着反美、反文化的嬉皮士运动兴起，幸运手链也显得不合时宜。时代在变，很多幸运手链作为传统女性的纪念品，最后变成很多女性压箱底的收藏，甚至被熔化或抛弃。

近年来，在复古潮流影响下，这种类型的珠宝经历了一次复兴。脱口秀女王奥普拉·温弗瑞（Oprah Winfrey）是护身符收藏家，帕里斯希尔顿喜欢设计手链，珍妮弗·阿里斯顿（Jennifer Aniston）手上也戴着幸运手链。女星凯拉·奈特莉（Keira Knightley）有一个充当护身符的幸运手链，她说："我非常相信运气。我有个幸运手链，它是我祖父的表链和祖母的护身符的组合，还有其他新增的小饰物，例如我的经纪人在《加勒比海盗》开拍时在上面增加的一把剑和一只船。"缪西娅·普拉达（Miuccia Prada）等时尚天才甚至设计了一款全新的幸运手链，在印有普拉达标识的奢侈包袋上夹着手袋形幸运符，清脆作响的金属瞬间吸引了人们对时尚包袋的注意。

下图： 幸运手链是最个性化的首饰，每一个小饰物都蕴含着佩戴者的独特故事，记录了她们的人生历程。

最下图： 自从格蕾丝凯利在《后窗》（1954年）中佩戴幸运手链后，娜塔莉·伍德（Natalie Wood）、伊丽莎白·泰勒和索菲亚·罗兰等好莱坞众多女星纷纷效仿。图为1955年左右，美国女影星劳伦·巴考尔（Lauren Bacall）身着一条棋盘格长裤，配幸运手链。

斯堪的纳维亚现代主义

1950年代不仅属于浮华，另一极端——清凉的斯堪的纳维亚艺术风格像维京人入侵一般渗透到设计的各个领域，珠宝也不例外。挪威、芬兰、瑞典和丹麦有几百年的银匠加工历史，因此银饰是他们常见的设计。同时，银也是一种具有延展性的金属，很容易塑造成引人注目的棱角和抽象分子形状，非常契合后核时代。同时其中也涉及政治学色彩，在人文主义环境中，银明显比其他贵金属更亲民、更大众化。

斯堪的纳维亚现代设计美学以全新的形式继承了德国包豪斯设计学院的遗风。汉斯·汉森（Hans Hansen）、南纳·迪泽（Nanna Ditzel）、本·加布里艾尔森（Bent Gabrielsen）等设计师对包豪斯无意间打造的机器时代过度装饰、大张旗鼓的奢华视而不见，转而偏爱更纯粹、更安静的设计和绝对的简约。许多作品呈现变形虫或回旋镖、调色板等类似的造型，与1951年英国艺术节（伦敦南岸举办的大型展览会）所展现的当代英国艺术风格不谋而合。这种美学在罗宾和卢西尼·戴夫妇设计的家具和纺织品上呈现了最令人叹服的效果。

然而斯堪的纳维亚珠宝还蕴含着深层的原理，尤其是这些国家的文化观念：在苦等夏日阳光的漫长黑暗冬日，好的设计必须考虑舒适性。一切物品都必须做到"Bruskunst"，即"实用艺术"，以丰富日常生活的感受和视觉体验。最不起眼的家居物品也得到了与高贵物品同等的对待，它们的存在不仅仅是财富和社会地位的象征。打造"Bruskunst"的关键在于包豪斯对于良好设计的理念——形态应当与功能一致，任何物品的设计必须体现诚实性和简单性。包豪斯设计师认为工业生产是为大众服务的，而斯堪的纳维亚设计师也认为设计应当源于小规模专业作坊，在这些作坊里，人可以驾驭机器。乔治·杰生（Georg Jensen）的杰出作品影响了1950年代的新一代青年设计师，掀起一阵挪威热，导致奥斯陆或赫尔辛基之外的竞争公司都开始生产仿冒的斯堪的纳维亚系列，例如罗德岛的丹克略夫特（Danecraft）、纽约的Viking Craft，以及威廉·斯布莱特灵（William Spratling）为墨西哥塔克斯科（TAXCO）公司设计的作品。

乔治·杰生

作为一家老字号的丹麦企业，杰生公司如今已在世界各地取得成功。公司创始人乔治·杰生（1866—1935年）是一名银匠，擅长制作高品质银饰，因此该公司最初主要生产人物造型工艺品。杰生是学雕刻出身，对高浮雕的造型非常精通。加入了蛋白石、珊瑚和孔雀石等不同寻常的次等宝石后，白银会呈现意想不到的温暖质感，而这些宝石成为1950年代斯堪的纳维亚现代珠宝中的标志性宝石。

汉宁·古柏（Henning Koppel，1918—1981年）也是一名从雕塑家转行的珠宝师，曾先后求学于丹麦皇家美术学院和巴黎Academie Ranson学院。1945年，古柏开始为杰生公司设计作品，同年开创了自己的银饰系列。他的设计完美展现了斯堪的纳维亚的现代风格，银项链和银手链像阿米巴虫和脊椎那样环环相扣。这些银饰先用陶土塑成柔和而自然的线条，让·阿尔普（Jean Arp）的有机图形抽象画以及康斯坦丁·布朗库西（Constantin Brancusi）的简化造型雕塑成为其灵感来源。

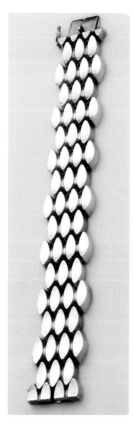

上图：阿诺·马林诺夫斯基（Arno Malinowski，1899—1976年）是一位银饰设计师和银雕艺术家，曾在1936—1944、1949—1965年间为杰生公司效力。他擅长设计的首饰具有斯堪的纳维亚现代风格，包括这款1940年代的手链。

左上图：杰生公司在20世纪五、六十年代最有收藏价值、最抽象的珠宝首饰都出自汉宁·古柏之手。这款标准银西班牙项链设计于1947年出品，至今仍在生产。

左下图：马林诺夫斯基为杰生公司设计的纯银项链。他的许多设计都带有具象元素，也包括图中这样纯粹的抽象设计。

大卫-安德森（David-Andersen）

1876年，金银匠大卫-安德森（1843—1901年）在挪威奥斯陆创立了自己的公司。1901年，当他去世后，儿子亚瑟接管了公司并聘请北欧最出色的银匠来设计珠宝。20世纪50年代，Harry Sørby 与 Bjørn Sigurd Østern为该公司设计具象生物形态作品，包括银质小鸟吊坠、如尼文和北欧神锤等造型的胸针。该公司的作品变得简约优雅，呈现简单的大自然主题，例如白银和透底珐琅制成的树叶。安德森的珠宝很少使用品质证明标识，直到1960年代，旗下一名设计师用自己姓名缩写加上"发明人"的英文缩写"inv."作为品质证明印记。

朵兰（Torun Bülow-Hübe）

瑞典设计师朵兰（1927—2004年）是第一位享有国际盛誉的女设计师。她来自一个艺术世家，母亲是雕塑家，兄弟姐妹也都从事与艺术相关的工作。1945年，朵兰在斯德哥尔摩的瑞典国立艺术与设计大学学习，后于1948年旅居巴黎，并在此结识了巴勃罗·毕卡索（Pablo Picasso）、乔治·布拉克（Georges Braque）和亨利·马蒂斯（Henri Matisse）等法国艺术大师。战后的巴黎重新开始恢复时尚中心的繁荣，而朵兰也从1954年起开始在圣日耳曼德佩教堂画廊展出银饰作品。她的不对称玛瑙镶银项圈和流畅的石英镶银吊坠在当时被广为效仿。

后来朵兰结识并嫁给了知名非裔美国艺术家沃尔·特科尔曼（Walter Coleman），此后开始沉浸于地下文化。在夫妻两人经常光顾的左岸（Left Bank）爵士乐俱乐部，她遇到了比利·好乐迪（Billie Holiday），并为其专门设计了人体首饰，让这位歌手在表演时能展现曼妙身姿。1958年，朵兰的珠宝首饰个展在法国昂蒂布的毕加索博物馆隆重举办。这位银饰设计师展示了加入海滩鹅卵石的作品，借此吸引了又一位明星客户——传奇法国电影明星碧姬·芭铎（Brigitte Bardot）。

左上图：标准银短项链和两个镶水晶吊坠，1955年朵兰出品，带品质证明印记。

左下图：朵兰坚定地与传统划清界限。图中这款银质泽塔（Zeta）短项链，设计简约，诞生于1950年代。

下图：1950年代中期，朵兰与乔治·杰生展开一段长期的合作关系，在设计中使用水晶石、月长石和石英代替传统的贵重宝石。图中这款吊坠项链的材质是银和石英。

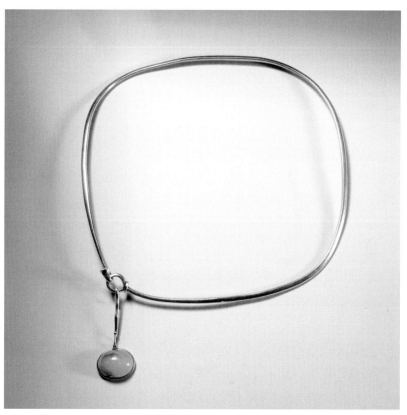

右图：朵兰是战后最具
国际知名度的瑞典银饰
设计师。图中这款纯银
镶水晶和海滩鹅卵石的
项链以"蔚蓝海岸"为
灵感，1950年代出品。

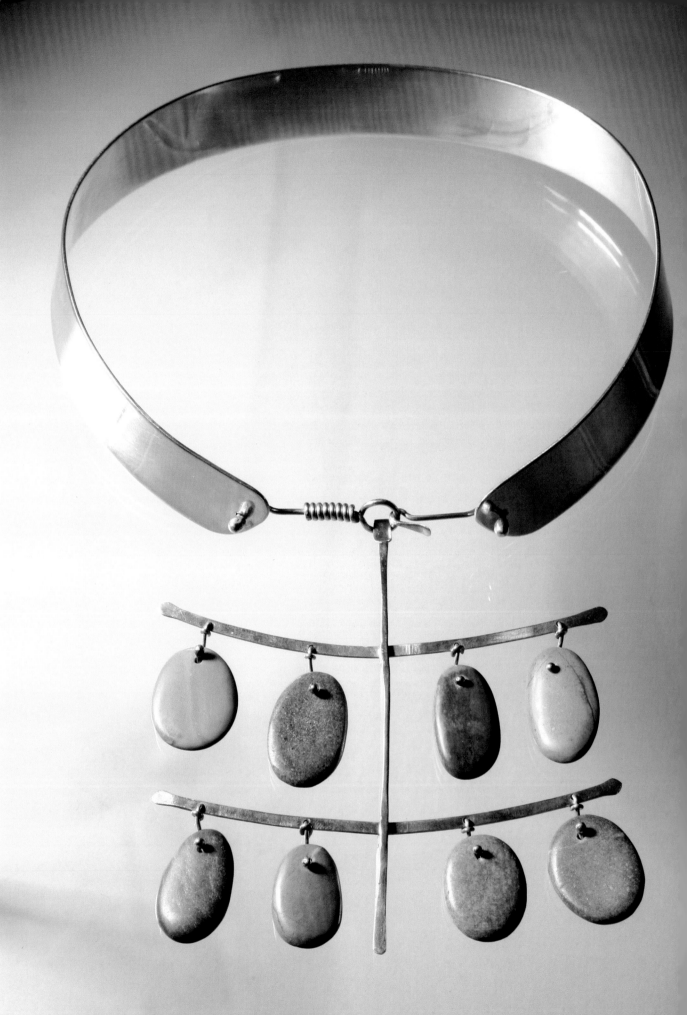

1950年代中期，朵兰的设计开始由乔治·杰生公司制作。银可以为非传统的半宝石提供蜿蜒的基底，如月长石、石英和水晶。这些作品预见了1960年代醒目、具有未来主义风的贴身首饰的出现。朵兰在比奥的工作室成为厄本·布林（Urban Bohlin）和本特·利耶达尔（Bengt Liljedahl）等青年银匠的圣地，也吸引了她最喜欢的爵士乐音乐家。后来朵兰移居印度尼西亚，在那里安度晚年。

朵兰最著名的设计或许要数1962年世界首创的不锈钢手镯表，如今已成为设计界的经典之作。当时这款手镯表是专为巴黎卢浮宫展览而定制的，展览主题是"您不喜欢的物品"。她这样描述这件作品背后的创意："我厌恶时间的残酷无情，因此设计了一款没有数字的手表，只用于装饰而不用于计时。起初它只有秒针，后来杰生公司在1967年生产这款手镯表时，我们加上了时针和分针。这款手镯并不完全包围手腕，而是留出一个缺口，寓意为不做时间的囚徒。"

在非洲、埃及和大洋洲文化的影响下，朵兰还设计了一系列创新的指环，其中包括象征"真爱无限"的八字结，以及螺旋银饰，用她的话说象征"生活的强烈震动"。朵兰的Button环和Moebius银手镯至今仍由杰生公司生产。

左页图：朵兰最具实验性的作品，例如这款串有沙滩鹅卵石的银质短项链，诞生于法国比奥的朵兰工作室。

上图：标准银和沙滩玻璃制成的短项链，以及配套耳环。1950年代的波西米亚女郎喜欢佩戴朵兰的珠宝，她们通过艺术家气质的时装和斯堪的纳维亚风格的珠宝，彰显自己不同于主流的气质。

左图：朵兰的极简主义成为珠宝设计的发展方向，其作品直到1960年代始终大受欢迎。图中这款简约的银镶珍珠母戒指完美映衬了1960年代时装的简约廓型。

花卉与自然主题

大自然仍然是高级珠宝和人造珠宝共同的流行主题，但斯堪的纳维亚设计师们深谙大自然的灵性与质朴，以更抽象的方式加以演绎。图中海蒂·卡内基（Hattie Carnegie）的树叶浆果胸针就是这一时期花卉造型的主流。

水晶灯耳环

这一时期流行的短发发型让耳垂成为焦点，长耳环成为流行。超长垂肩耳环设计采用较轻盈的镶架和人造宝石，成为现实之选。

串珠

告别土褐色军服的战争时代，1950年代迎来了缤纷的色彩格调。珠宝的颜色变得浓烈而明艳，时装也如法炮制。从图中这款香蕉黄的哈斯基项链可看出该公司随着时代精神进行了调整。

质感黄金

黄金依然受欢迎，但通过质感的表面而焕发现代新面貌。图中这款篮编铰链手镯出品于1955年，由海蒂·卡内基设计。这位纽约时尚女王创办了自己的成衣系列和人造珠宝。

斯堪的纳维亚现代风

斯堪的纳维亚现代风强调使用天然材质，让人耳目一新。卡勒瓦拉（Kalevala Koru）是芬兰最大的珠宝生产商，成立于1937年，以乡土文化和大自然为设计美学。这款1959年出品的戒指就是证明。

主要风格与样式

1950 年代

具象胸针

这款怪诞的首饰让1940年代的土褐色服装变得活泼,至今仍然流行。国际旅游的发展让全球文化成为主题图案的灵感。国家的标志物品得到运用,例如法国的埃菲尔铁塔造型和镶人工钻石的墨西哥草帽。

珠宝套系

珠宝套系指的是设计用来同时穿戴的一套珠宝,例如项链、手链和耳环套系。这套由外斯(Weiss)1950年代初出品的璀璨珠宝套系采用榄尖形宝石和水钻材质打造。外斯公司以花卉和具象设计著称,选用精心配色的奥地利莱茵石。

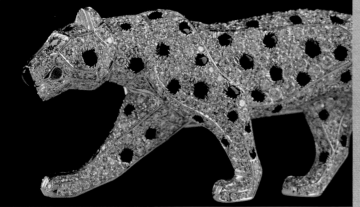

奢侈品珠宝

战争硝烟散去后,知名珠宝品牌纷纷恢复生产,为奢华的女装造型打造配套的设计,例如卡地亚令人拍案叫绝的标志性美洲豹胸针。这款胸针采用铂金材质,镶有511颗钻石,豹身斑点采用72颗缟玛瑙制成,眼睛则是祖母绿。

红铜珠宝

菲尔斯(Jerry Fels)于1946年创立加州雷诺阿(Renoir of California)珠宝公司,1960年代中期以前一直生产红铜珠宝。马蒂斯(Matisse)的印记出现在1950年代初期生产的一系列珐琅珠宝上。图为1950年代雷诺阿公司出品的马蒂斯珠宝,秋叶外形点缀着红色珐琅。

珍珠

1950年代是珍珠的时代,无论是天然珍珠还是养殖珍珠甚至人造珍珠都在当时各种类型珠宝中得到广泛运用。例如图中这款金色翠法丽别针和耳夹镶有巨大的人造珍珠,被用来搭配日常的简单定制套装。

幸运手链

到了1950年代,幸运手链成为一种必备配饰,无论生日、纪念日、兴趣爱好和旅游,每个庆祝仪式上都可以增加一个链环加以纪念。如今这种复古手链在拍卖会上有时还能拍出高价。

1960年代：
时尚迈向未来

　　20世纪60年代，人们乐观向上，着眼未来。当时，文化充分利用了英国首相哈罗德·威尔逊（Harold Wilson）所说的"新技术的白热化"，而这一句颇具预言性的话语则定义了那个时代的关键特征。在50年代，服饰得到了结构化，好莱坞盛行勾勒女性性感曲线的着装。而这一切都在60年代初消失殆尽，取而代之的则是一种全新的时尚典范——中性而又稚嫩。这一风尚的典型代表就是英国模特崔姬（Twiggy）。在她那活泼、超前、中性的形象和简洁、几何风的服饰风格面前，50年代的时尚就显得过于循规蹈矩或过于成人化了，简而言之，就是老气过时。

　　时尚不再仅仅服务于精英人士。克里斯汀·迪奥于1957年逝世后，巴黎的设计师无法再掌控市场，服装廓型受到伦敦和新兴的摩登派风潮的影响。战后的婴儿潮一代逐渐进入青少年时期，他们急于寻求个人的解放，因而抛弃了繁琐复杂的装束和拘谨古板的架势。年轻人在经济上更加独立，极力摆脱父母的控制，这样一来，青春期似乎能够无限地延长，而年轻就是"王道"。

　　意式风格接替了法式风情在时尚界崛起。古琦（Gucci）、璞琪（Pucci）、菲拉格慕（Ferragamo）等意大利品牌无不彰显着青春的"酷"感。在伦敦，玛丽·奎恩特（Mary Quant）的设计引发了服装的革命，从而奠定了其时尚界"披头士"（Beatles）的地位。这一时期，人们排斥任何有成年特征的服装，而在迷你裙、沙宣波波头和过膝长靴面前，帽子、手套和手包就有些格格不入了。人们仍然会购买名贵珠宝，但佩戴起来则更为随心所欲。很多女性甚至深信，佩戴过多的高端珠宝会显得过于老气。

　　手镯是展现60年代未来主义风格的最好饰物。设计师从弗兰克斯·特拉（Frank Stella）、布里奇特·赖利（Bridget Riley）等艺术家的作品中汲取了无限灵感，设计出的作品或造型夸张、色彩明艳，或带有太空时代的浓浓金属气息。充满线条、人物，以及震撼眼球的黑白色彩的欧普艺术和波普艺术作品被融入到一系列高街和高端珠宝中。北欧风格的珠宝在这10年里则保持了所谓的"艺术性"，来自芬兰的设计师搭档提莫·萨尔帕内瓦（Timo Sarpaneva）、彭蒂·萨尔帕内瓦（Pentti Sarpaneva），以及比约恩·伟科斯特姆（Björn Weckström）从家乡的自然风景中找寻灵感，他们使用拉普兰区（Lapland）的纹理青铜及本地的石英和金块来设计珠宝。来自挪威的大卫·安德森（David-Anderson）品牌则重回其标志性的内敛简约风，并表示："对于那些所谓高端时尚或以煽动情感来达到效果的设计，我们持有一定的怀疑态度。"

时尚与水晶

　　传统上，时尚由高端流向街头这一"涓滴效应"在这一时期却反向而行；青年运动既影响了高端时尚，也影响了高级珠宝设计。一些著名珠宝品牌不得不将目光转向时尚界的新简约风和民主风，而施华洛世奇水晶和塑料小珠则取代了珍珠和钻石，这些特征从米兰兄妹设计师莉达·托波（Lyda Toppo）和布鲁诺·科波拉（Bruno Coppola）的作品中就可以看出。华伦天奴、璞琪等高级时装设计师们都委托他们设计夸张的水晶簇集的项链、衣领和手链。1972年，莉达·科波拉（Lyda Coppola）退休，14年后，他们的品牌中断。

　　夸张大胆、色彩明艳的时尚珠宝相比50年代不仅更大，而且做工更精致。在法国弗兰西斯时装屋工作的罗杰·让·皮埃尔使用爪镶水晶设计出精致的拼接珠宝，而著名品牌朱莉安娜则设计出了极负盛名的复活节彩蛋饰针。

　　在那个年代，人们喜欢将色彩艳丽的珠宝镶嵌在黑色的金属底座中，而不是传统的银质或金质底座，人们也开始选购绿松石和碧玺材质的首饰，这并不是由于其相对低廉的价格，而是由于它们的美感。这都反映出大众对波普艺术、欧普艺术及迷幻艺术运动的兴趣。珐琅制品因其鲜艳的颜色获得新生——马塞尔·鲍彻（Marcel Boucher）模仿璞琪的印花设计了一系列珠宝，而梵克雅宝受迪士尼影响创作了眨眼猫胸针。梵克雅宝的眨眼猫胸针创作于1950年代，它的面世让卡通动物胸针成为注重形象的名流人物衣领上必不可少的饰品。

MORE ITALIAN NEWS

CAPUCCI
Romantic revival for hot summer evenings is Capucci's long, young chiffon dress with a look of the teagown.
This one is dark red, caped, wrapped over in front, ruffled all round, and sashed with a butterfly bow.
Models who showed this series of dresses wore evening wigs, Japanese-style, by Filippo of Rome.
The red crystal necklace is from Coppola e Toppo.

DRAWING BY CROSTHWAIT

第128页图：在这一充满乐观主义的时代，人们受到波普艺术和弗兰克斯·特拉等美国抽象画家的启发，将明亮艳丽的饱和色彩带入时尚圈。该图展现了1966年的一名模特，她身穿由B·H·弗拉格（B H Wragge）设计的番茄色几何衣领亚麻裙，戴着夹式抽象耳环。

顶图：1960年，意大利时尚之父卡普奇（Capucci）用米兰设计师科波拉和托波设计的水晶珠衣领为一件雪纺礼服做配饰。这对搭档设计师的作品在1948年首次出现在《服饰与美容》杂志上。他们为许多意大利时装屋设计珠宝。

左图：科波拉和托波在1960年代设计了这一绚丽夺目的多股项链。它由红色的刻面水晶和异形珍珠组成，复杂的串珠工艺全由手工完成，是那个年代最为精致的珠宝配饰作品。

上图：科波拉和托波在1960年代设计了这条蓝色水晶手镯。他们选用了具有代表性的S形坚固金属嵌底，颜色逐渐由深蓝变为淡蓝的珠子能够完美地被镶嵌其中。

上图：夸张的水晶灯式耳环是1960年代典型的珠宝设计。这对美艳的耳环是由纽约公司罗伯特·欧里基诺（Robert Originals）的设计师于1967年设计的。该公司因精致的花丝工艺及珠宝设计而著称。该公司创建于1942年，原名为"时尚手艺"（Fashioncraft），1960年改为现名。

右图：旺多姆（Vendome）集团于1960年代设计了这对串珠耳环。旺多姆珠宝配饰在当时盛极一时，部分原因是总设计师海伦·玛丽昂（Helen Marion）的精湛工艺，他使用质量最高的水钻及刻面水晶珠子制作首饰。

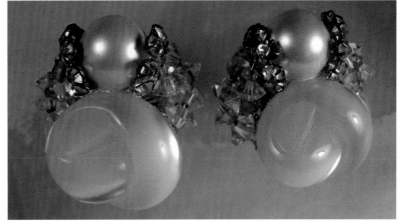

右图：施赖纳（Schreiner）于1961年设计了该套高定珠宝，展现了流行于1960年代的围兜项链。该项链由皇家红水钻及闪白水钻制成。施赖纳珠宝于1930年代末至1970年代制作首饰，其标志之一就是倒嵌的水钻。施赖纳珠宝一直保持小规模产量，它的相对稀缺让其极具收藏价值。

顶图：爱丽丝·卡维纳斯（Alice Caviness）首席设计师米莉·比德隆奇奥（Millie Petronzio）在1960年代设计了这条水晶围兜项链样品。由于生产所需的原料过于昂贵，这条极尽奢华的项链并没有投产。整条项链以金色金属为嵌底，共分三层，每层都镶有蓝色和紫色的刻面大水晶，挂有极光水晶。

上图：朱莉安娜品牌设计的这套水晶珠宝包括项链、夹扣式手链、饰针和耳环。其将玻璃石仿制成石英状，嵌在金色的底座上，周围环绕着爪镶水钻。

下图：这套由朱莉安娜品牌设计的饰品包括胸针、夹式耳环及手链。整套珠宝以银色为基调色，镶有银色和红宝石色水钻，中间嵌有鹅蛋形猫眼石。朱利安娜珠宝由纽约设计师威廉·德利兹（William DeLizza）和哈罗德·埃斯特（Harold Elster）创办，之后被转给其他珠宝商，其标志是纸质商标。该珠宝以色彩极度明艳、极具艺术气息的玻璃石而闻名于世。

右上图：该胸针极具1960年代朱莉安娜珠宝的风格。胸针由淡紫色北极光水钻制成。

右中图：朱莉安娜珠宝品牌设计的这半套饰品包括胸针或坠饰和配套的夹式耳环。胸针中央镶有一颗硕大的椭圆形刻面水晶，周围环绕着粉色和北极光水钻。

右下图：米莉·比德隆奇奥为爱丽丝·卡维纳斯设计了这套珠宝样品。该套珠宝由贝壳和玻璃制品制成，其照片刊登在1960年的《女装日报》上。手链和项链的中央由金色树叶、珍珠母贝、贝壳、榄尖形珍珠和极光花珠构成。

茜茜·茹乌托夫斯基女伯爵（Countess 'Cis' Zoltowski）

茜茜·茹乌托夫斯基女伯爵身高1.47米。虽然身材娇小，但在多姿多彩的1960年代，她轻松地玩转各式珠宝配饰。她身材曼妙，蓝黑色的头发上饰有异域风情的兰花，衣服色彩明艳、大胆前卫。女伯爵设计的夸张闪亮的水晶项圈，广受今日的收藏家们的追捧。据说，她戴的珠宝比她本人还要重。

茜茜·茹乌托夫斯基女伯爵生于维也纳，原名为Maria Assunta Frankl-Fonesca。二战期间，她前往中立国瑞士寻求庇护。在那里，她遇见了贫困潦倒的Zoltowska伯爵，两人于1951年结婚。同一年她搬去了巴黎，在那里为克里斯托瓦尔·巴黎世家（Cristóbal Balenciaga）、奎斯·菲斯（Jacques Fath）、皮埃尔·巴尔曼（Pierre Balmain）等设计师每季的服饰提供手绘纽扣。女伯爵令人难以抗拒的个人风格和震撼人心的设计最终吸引了巴黎世家，在接下来的14年里为他所有的高定设计珠宝。随着女伯爵的名声远扬，她开始将自己的作品销售至纽约的邦维特·特勒（Bonwit Teller）百货公司，并为《服饰与美容》、《巴黎竞赛画报》和《时尚芭莎》杂志拍摄封面照。1967年，她定居于纽约。

每年，女伯爵都会在泰国呆上4个月。泰国对她的珠宝设计产生了不可磨灭的影响，尤其是她标志性的项圈。该项圈由好几层半宝石和裂纹弧面形宝石叠加而成。她用色大胆，将通常不会被搭配在一起的颜色混搭：青紫色配橄榄绿；酸橙绿配苹果红；鲜艳的柠檬黄通常会被涂在大理石纹理的宝石上，上面还绘有金色手绘；这充分展现了她的艺术气息。她设计的许多项链镶嵌整齐，从中能清晰地看见衣服的纹路，如璞琪的经典款花纹。她最有名的设计之一为蒲公英胸针，其有许多不同的配色，包括深粉色、薰衣草色和浅蓝色。一块块玻璃石尖端朝上，被嵌在金属支架的顶部，看起来好似一朵花絮飘荡的蒲公英。茜茜·茹乌托夫斯基设计的多数珠宝都没有署名，但识别度非常高。有时人们会在她设计的王冠上找到她的署名"CIS"。

左图： 该模特于1960年佩戴着由茜茜·茹乌托夫斯基女伯爵设计的珠宝，包括由半宝石和仿制宝石制成的头饰、项链及手链。

上图： 这半套首饰女伯爵设计于1960年代，包括项链和配套的夹式耳环。项链底座为金色，分为两圈，外圈饰有爪镶丁香紫色、橄榄绿色和紫色的裂纹弧面形宝石，内圈镶有北极光钻石。

左中图： 茜茜·茹乌托夫斯基女伯爵于1960年代左右设计了这对夹式悬挂耳环，饰有爪镶人造绿松石和海蓝水晶，下面悬挂编织流苏，为耳环锦上添花。

左下图： 该图展现了女伯爵于1960年代设计的胸针，镶有美艳的蓝宝石和成簇的翡翠色水钻。胸针底座带有明显的女伯爵设计风格，和她广受追捧的蒲公英胸针有异曲同工之妙。

肯尼斯·杰·莱恩（Kenneth Jay Lane）

"我只制作无足轻重的珠宝。"这位自称为"美丽人士的珠宝配饰商"的女士如是说道。这名女士就是肯尼斯·杰·莱恩（1930—），她服务的客户包括奥黛丽·赫本、伊丽莎白·泰勒、温莎公爵夫人（据说温莎公爵夫人下葬时，身上就佩戴着肯尼斯·杰·莱恩专为她设计的腰带）和黛安娜·弗里兰（Diana Vreeland）。在莱恩为美国版《服饰与美容》担任艺术总监后不久，弗里兰就大力支持他的设计。莱恩生于底特律，在罗德岛设计学院接受教育，于1954年迁往纽约。在为《服饰与美容》杂志工作后，他为当时的迪奥鞋履设计师罗杰·维威耶（Roger Vivier）工作，来往于巴黎和纽约。

罗杰·维威耶被称为"鞋履界的法贝热（俄国著名珠宝首饰工匠）"，穿上他设计的细高跟高定鞋，就像双脚佩戴了美丽的珠宝。维威耶设计的鞋履上饰有钉珠和珠宝，有些鞋子镶满了最为珍贵的宝石。莱恩痴迷于鞋履的装饰，开始尝试设计珠宝，而不是设计鞋履。他批发了一大堆塑料手镯，在上面镶满饰物。起先，莱恩将这些艳丽花哨的手镯送给了他的朋友们，说服他们仿照南希·库纳德（Nancy Cubard）的风格，一次佩戴多个手镯，并表现得更为轻松快活。但当这些手镯的照片见报后，零售商们开始关注莱恩。他设计的珠宝是为那些看起来并不追求名利的资产阶级而存在的——每件珠宝都充满现代感、新鲜感，并且趣味无穷，和当时的时代精神相互匹配。

莱恩设计的珠宝就像1960年代的社会一样多姿多彩。巨大的塑料耳环长及肩膀、镀金金属腰带悬挂在镶有钻石的装饰圈上、饰有闪亮镀金和光亮黑漆的珐琅黑豹、美洲豹和蛇形胸针魅惑妖娆。没有哪个时代是神圣不可侵犯的，因为历史和灵感就像是一座影像库，人们从中挖掘各种素材。而莱恩就在他华丽的珠宝设计中，向古埃及文明、装饰艺术、印度王公贵族和维多利亚风格致敬。饰有由珠宝镶成的马耳他十字架手镯参考了可可·香奈儿的设计，闪亮的施华洛世奇水晶则仿照了卡地亚高定珠宝。就像莱恩之后所说的："如果我没有模仿你，那是因为你不值得我模仿。"他设计的灯形项链上镶有巨大的水晶，埃及艳后式的莲花形吊坠上布满了绿松石和虎眼石，夸张的18世纪风格项链镶有形状大胆的马克赛石，有的为花朵形状，有的则为泪滴形状和蝴蝶结形状。

肯尼斯·杰·莱恩论珠宝

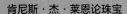

＊佩戴胸针时，或者将其带在胸部以上，或者别在珍珠项链上。

＊在享受无忧无虑的假期时，佩戴人造珠宝就够了。

＊要敢于佩戴人造珠宝。佩戴六串真珍珠是炫耀，但佩戴六串人造珍珠就是时尚。

右图：模特马里莎·贝伦森（Marisa Berenson）佩戴蛇形臂箍、金戒指以及细金腰链。图片摄于1968年。1960年代末期，设计师们纷纷从全球文化中汲取灵感，他们在各种文化中漫游，对时尚产生了影响。

塑料制品的流行

波普艺术的影响力在1960年代达到顶峰。这一艺术形式起源于50年代。当时，艺术家爱德华多·包洛奇（Eduardo Paolozzi）和彼得·布莱克（Peter Black）从通俗文化多姿多彩的视觉语言中，而不是发人深省的抽象表现艺术中找寻灵感。在当时的纽约，安迪·沃霍尔（Andy Warhol）正在创作大型超市商品绘画，如坎贝尔浓汤罐头系列，而罗伊·利希滕斯坦（Roy Lichtenstein）则仿照连环画的形式进行创作。这些绘画使广告和产品设计变得更为迷人，给设计界增添了一笔新色彩。

理查德·汉密尔顿（Richard Hamilton）是英国波普艺术运动的创始人之一。他在大学创作的绘画，如《是什么使今天的家庭如此不同，如此迷人？》反映了战后丰衣足食、魅力十足的繁荣时期。汉密尔顿对这一新艺术有自己的一套规则："（它应该是）大众的（为群众而设计）、短暂的（只为解决短期需求）、供消耗的（能轻松被抛诸脑后）、价格低廉、生产规模大、年轻化（目标人群为年轻人）、妙趣横生；性感；流光溢彩；还要举足轻重。"这些规则也被用于那个时代的首饰设计中。大多数的首饰价格低廉，趣味十足，经大批量生产，天生可被快速消耗——设计师本来就没想要让这些首饰流传下去。雷蒙德·埃克斯顿（Raymond Exton）等设计师将塑料一类的材料，尤其是有机玻璃和乙烯基，做成厚大的几何图形，并涂上原色。设计师搭档大卫·沃特金斯（David Watkins）和温迪·拉姆肖（Wendy Ramshaw）将供消耗理念在他们的纸质首饰中发挥到极致。在60年代，他们设计的产品可以在玛丽·奎恩特的巴萨百货店和伦敦骑士桥街哈罗德百货顶层Way In精品店成套购得。沃特金斯最近说道："我们之前一直想要打破首饰产品设计的主流方式，另辟蹊径。受到这个想法的鼓舞，我们在60年代首次设计出纸质首饰，将首饰打印出来这个想法深深地吸引着我们。我们希望创造出简约有趣、价格低廉的快销产品。用完即扔这个想法也让我们着迷。"

右图：明艳的原色是1960年代首饰的标志之一。它反映了战后婴儿潮一代的乐观心态。当时，塑料被看作是富有创意、充满未来感的饰品，并被制作成夸张艳丽的首饰。在这张拍摄于1967年的图片中，模特就佩戴着一条夸张的塑料项链。

右图：崔姬是1960年代的顶尖超模和时尚领导者，她和披头士乐队将"摇摆伦敦"风潮引入美国。在这张拍摄于1965年的图片中，崔姬佩戴着黄色塑料耳环，上面饰有雏菊图案。雏菊图案是由英国设计师玛丽·奎恩特所推广普及的。

下图：这组珐琅花朵胸针设计于1960年代。夸张鲜艳的花朵饰针是1960年代最受欢迎的首饰造型，它们被看作是美国嬉皮士运动"权力归花儿"口号的视觉标志。

黑白色

欧普艺术一词由《时代周刊》杂志于1964创造，这场新艺术运动被描述是"对人们眼睛的重击"。布里奇特·赖利（Bridget Riley）、理查德·安努斯科维奇（Richard Anuskiewicz）、维克托·瓦萨雷里（Victor Vasarely）等设计师利用自己的艺术感知能力进行研究，创造了让人眼花缭乱的几何图形。1965年，纽约现代艺术博物馆举办了一场主题为"眼睛的反应"（The Responsive Eye）的展览，其中的黑白画布闪烁荡漾、千变万化。虽然一名艺术批评家将其称为"歇斯底里的视觉艺术"，但是它的影响很快就渗入时尚界。赖瑞·阿德瑞克（Larry Aldrich）等美国裙装制造商发现了这一大胆的单色样式背后的无限潜能，委托生产了受他自己收藏的欧普绘画启迪的布料，而在伦敦，奥西·克拉克（Ossie Clark）和约翰·贝茨（John Bates）为他们的时尚顾客设计了欧普艺术风的服饰。

欧普艺术首饰只是昙花一现，它的设计周期短，生产成本低，只为搭配黑白服饰。由于塑料能够产生非凡的棋盘效应，它被制作成手镯、耳坠及大胆的珠子项链。塑料首饰多为备受欢迎的红色、白色和黑色，并成为迅速发展的摩登运动的标志。在这场运动中，卡纳比街（Carnaby Street）重新成为时尚圣地，而伦敦则成为了世界的"摇摆"风之都。虽然玛丽·奎恩特的黑白雏菊并没有太多欧普风，只是一个对她个人具有非凡意义的图案，但它出现了各种亚克力珠宝上。她因阑尾炎而逝世，这让设计师大卫震惊。欧普艺术虽然只是昙花一现，但它的影响颇为深远。大众开始喜欢更为抽象，而不是更为写实的珠宝设计，富有创意、不对称、支离破碎、极简抽象等一系列描绘首饰图案的词汇也随之出现。

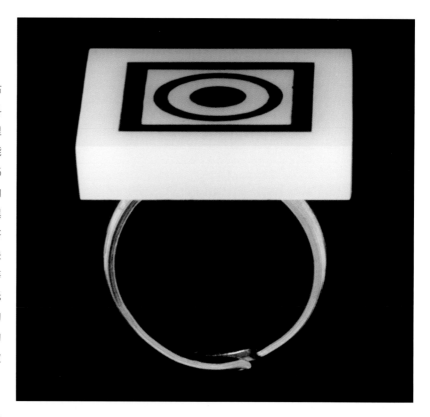

右图：该系列亚克力及金属珠宝受欧普艺术启发，由设计师搭档温迪·拉姆肖和大卫·沃特金斯设计完成。温迪此前为纺织品设计师，大卫则为雕塑师和爵士音乐家。这对搭档从1963年开始设计该系列欧普艺术首饰，并在巴萨百货店和其他精品店出售。拉姆肖抛弃了更为常见的喷染技术，转而使用丝网印刷在亚克力上绘图，之后，亚克力被切成小块制成首饰。

下图：这张拍摄于1967年的照片中，演员吉尔·哈沃斯（Jill Haworth）佩戴着乔治·迪·圣·安吉洛（Giorgio di Sant' Angelo）为旺多姆奢侈品集团（Vendome）设计的原色塑料珐琅耳环。圣·安吉洛是毕加索工作室的学徒，后者敦促他尝试新材料。圣·安吉洛将透明合成树脂等塑料制品融入到色彩明艳的首饰中，这吸引了黛安娜·弗里兰的注意。弗里兰聘请他为美国《服饰与美容》杂志的造型师。圣·安吉洛随后成为美国最重要的时尚设计师之一。

未来冲击

1960年代的设计师安德烈·库雷热、鲁迪·简莱什、帕科·拉巴纳、艾曼纽·可汗、皮尔·卡丹创造了"耶耶"风格（yé-yé），给法国高级时装注入一剂强心针，让法国重回时尚中心。当时，法国高级时装急需重塑自己，但受制于巴黎时装工会的僵化管理，许多时装屋都陷入50年代的风格难以自拔，而他们的顾客也越来越老。50年代剩余的包袋、香水、珠宝等产品被看作是推进法国时尚前进的动力，它们是时尚的摇钱树，能拯救整个病入膏肓的时尚界。但是，为了吸引年轻人，就必须大刀阔斧，实现变革。时尚必须变得富有新意，未来感十足。1964年，皮尔·卡丹设计了具有太空时代主义的白色编织紧身连体裤和管状直筒连衣裙，成为首个摆脱50年代风格束缚的设计师。1965年，伊曼纽尔·温加罗推出了她的设计。这一设计被一名记者称为"银色狂欢"：银色假发、银底靴子、银色纽扣、银色衣领和银色长筒丝袜。铝制项链层层叠叠，构成文胸，和饰有花朵的透视裤交相辉映。

科幻潮流影响了珠宝设计，帕科·拉巴纳是第一个开辟先河的设计师。这位曾与休伯特·纪梵希共事的前珠宝设计师认为时尚界仅存的尚未开发之地是对于新材料的发现和利用，而不是改变每季服装生产线的旧制衣方式。拉巴纳打破常规，尝试使用塑料制品和铝制品，设计出了60年代最异乎寻常，却又影响深远的服饰及珠宝配饰。

1966年，他推出了一系列试验性的裙子。裙子一共12条，由塑料和金属材料做成。裙子上没有一针一线，而是用一对钳子和一个焊灯装配而成。他同期的珠宝也是由塑料和铝制品做成的锁子甲饰物。拉巴纳估计那年他平均每月用了多达30 500米（100 000英尺）Rhodoid塑料（一种类似于人造琥珀的塑料）。在所有的珠宝制品中，尤为非凡的一件作品为一条围兜项链。该项链由塑料原片和细金属丝制成，能发出磷光。除此之外，还有一对配套的夸张圆环耳环，好似亚历山大·考尔德的动态雕塑（Mobiles）。拉巴纳在竭尽了塑料所有可能的用途后，他创造了另一种形式的锁子甲饰物。这种锁子甲是由小型三角铝片和皮革制作而成，每片材料都有可活动的金属圆环，或用镀铬制成，用亚克力连接。拉巴纳将其称为"反珠宝"，他表示："我是为了女人个性的另一面而制作珠宝，是为了她们的疯狂而制作珠宝。"在高街时尚中，太空时代的元素竞相迸发，所有的配饰都采用了轻巧的塑料为原料，既有夸张的白色圆环耳环，又有巨大的层叠三角透明亚克力耳环。

右页图：这条饰有银色亮片的无袖裙子由约翰·阿金斯（John Arkins）于1966年设计完成。这条裙子使用了和法国设计师拉巴纳相似的锁子甲技术，配有夸张的金属水晶灯式耳环。由于60年代的耳环太重，只能夹在耳垂上，所以夹式耳环取代了穿孔式耳环，成为主流。

左上图和左下图：荷兰设计师夫妇赫斯·贝克（Gijs Bakker）和艾美·范·莱尔瑟姆（Emmy van Leersum）在他们1967年的"雕塑成衣"展览中展出了这些身体珠宝。蓝色阳极氧化铝、塑料、银制品和金制品被锤炼成太空时代风格的巨大饰品。这些具有革命性的珠宝是按照女性的身材形状制作而成的，但它们本身的轮廓造型也清晰无比。这对夫妇对于身体饰品的彻底革新让他们成为欧洲珠宝设计先锋派的领头羊。此前贝克曾宣布，他要"做材料的主人，将它们变成几乎不可能的形状"。

西格德·佩尔松（Sigurd Persson）

珠宝设计师佩尔松（1914—2003年）生于瑞典赫尔辛堡，父亲为一名银匠。他在1945年开办了自己的工作室，专攻制银。1965年，他为北欧百货（Nordiska Kompaniet）的一次展览制作了一系列极具未来主义风格的珠宝，从此名声大噪。佩尔松设计了环绕式耳环和由玉髓及蔷薇石英制成的如雕塑般的放射状手镯。他设计的戒指巨大无比，如建筑般严谨精美，构思巧妙，或奢华复杂，或镶满璀璨宝石，彰显太空时代的色彩。此外，佩尔松还设计了更为巧妙、结构严谨的几何戒指——银色方块被置在银带上，一边被镀以金色，展现了现代感和奢华感，并恰如其分地展示出那个年代对于形状简单化的追求。在1970年代早期，佩尔松将波普艺术融入自己的作品中，他于1974年创作的肥皂泡耳环几乎可以以假乱真。佩尔松使用了制造商的标志SIGP，将其刻在象征着瑞典的三皇冠标志旁边，其中的S代表银制品和制造日期。

左下图： 佩尔松于1960年设计了这枚镀金的矩形顶几何银戒指。和玛格丽特·德·帕塔（Magaret De Patta）及丹麦设计师本特埃·克斯纳（Bent Exner）一样，佩尔松也是珠宝制作建筑主义风格的倡导者，他的作品有强烈的线条感、几何感和立体感。

右下图： 佩尔松的设计擅长从机器及建筑中获取主题，有时也从自然中汲取灵感，正如图中这个佩尔松在1962年设计的镶满宝石的光射状手镯所示。手镯清晰明朗的线条很好地展示了瑞典现代主义，而佩尔松正因此而知名。

艺术家珠宝商

崇尚波普和摇滚的新贵们想要一种别具一格的珠宝。他们对那些赫赫有名的珠宝店的古板珠宝并没多大兴趣，而是想在钻石中注入一丝不拘小节的风格。珠宝市场很快就满足了他们的愿望。1961年，伦敦金匠公会及维多利亚和阿尔伯特博物馆举办了一场具有跨时代意义的现代珠宝展，展出的珠宝均由国际设计师制作，例如百达翡丽的设计师吉尔伯特·艾伯特、哈利·温斯顿、戈尔达、弗洛格格和安德鲁·葛力马。这些珠宝与毕加索的绘画和伊丽莎白·弗林克的雕塑交相辉映。这场展览的举办目的是为了推动英国珠宝生意的发展，同时它也向伦敦的年轻一代展现了珠宝不仅是财力的象征，也可以通过珠宝来展现自我。

安德鲁·葛力马（Andrew Grima）

安德鲁·葛力马（1921—2007年）是1960年代最具有创意的珠宝设计师之一。他的顾客包括杰奎琳·肯尼迪、电影明星乌苏拉·安德斯、玛格丽特公主及其他英国皇室成员。二战期间，葛力马作为士兵参战。复员后，他在其岳父开的一家名为"H J"的小型珠宝工场做账。珠宝推销员经常光顾工厂，兜售珠宝。起先，葛力马对这些珠宝并不感兴趣，直到有一天，推销员向他展示了一批巴西海蓝宝石、紫水晶和黄水晶。葛力马这样描述那一改变他的时刻："（我们的）珠宝制作精美，但风格老派，花形饰针总是以白金为基底。1948年，两名珠宝推销商兄弟来到了我们的办公室，手里拿着装着巨大珠宝的手提箱，珠宝的数量之多是我从未见过的。我说服岳父买下了所有的珠宝后，开始着手设计。这是我作为现代珠宝设计师的开端。"

葛力马将这些并未精心打磨过的珠宝镶嵌进黄金底座里，完成了他的第一组珠宝设计。这些珠宝注重展现珠宝的自然质地，而不是它们的绚丽浮华的光泽。他想将自然之物直接呈现出来，将树叶、苔藓，甚至火山熔岩造型用黄金铸造出来。1966年，英国皇室授权给葛力马，让他为皇室制作珠宝，同一年，他在伦敦杰明街开了第一家珠宝店。在当时老派之风盛行的年代里，他的珠宝店是一次大胆的尝试：外墙由坚固的钢制网格和厚石板组成；小型橱窗陈列柜穿透外墙而出，便于采光；进入店内，首先感应到的是脚下的垫子，面前的门自动打开；迎面而来的是一个由有机玻璃做成的螺旋楼梯，好似007的房间。

从20世纪60年代到70年代，葛力马推出了一系列妙趣横生的珠宝作品，包括"摇滚复兴"，这件珠宝使用未经雕琢的巨大珠宝制作而成，底座为黄金，并使用了长条形未雕琢碧玺制作而成。在葛力马的合作伙伴破产后，他放弃了皇室的授权，于1986年与妻子移居至瑞士。2008年，路易·威登在伦敦蛇形画廊举办了一场活动的开幕式，参与开幕式的时尚设计师马克·雅可布就带着一条由葛力马设计的翡翠黄金水晶项链。当雅可布被问及为什么要选择这条项链时，他说道："今天我本想买一件泳衣的，结果买了这条项链。这是女人佩戴的首饰。当时我问自己：'我可以戴吗？'然后我想，'有什么不可的呢？我想戴什么就戴什么！'"

下图：照片拍摄于1966年，展现了设计师安德鲁·葛力马与一名佩戴他设计的珠宝的模特。葛力马为1960年代的摇滚新贵族设计高档珠宝。当时的新贵们想要摒弃传统高雅的法国珠宝屋的珠宝风格，拥有能够彰显身份地位的新式珠宝。

左图：安德鲁·葛力马于1967—1968年设计的绿松石黄金胸针。他的设计自然统一，形式抽象，使用的是不太贵重的巨大宝石。

嬉皮风

非西方文化、尤其是饱受殖民侵略的文化风靡一时，人们纷纷从中汲取灵感——就像在越战最为激烈的时期，人们佩戴的珠宝体现了他们反战的政治理念。北美印第安人的串珠首饰备受人们喜爱，而嬉皮士所推崇的更具政治倾向的和平与爱的标志也捕获了一大批人的心，如心形串珠、和平标语和代表着"权力归花儿"的雏菊成为高街时尚的象征，美国以外的年轻人纷纷佩戴与此相关的首饰。这些具有艺术气息的花朵图案代表了嬉皮士反对权威、推崇回归自然的生活方式，并成为自由爱情的标志，即使有时图案出现在一枚普通的白色塑料胸针上。

各种文化的交融也影响了高街时尚。设计师桑德拉·罗德斯（Zandra Rhodes）就受到美国印第安文化的影响，设计出了印花雪纺长衫。高级珠宝设计师也紧跟着民族风的步伐。纽约设计师大卫·韦伯（David Webb）服务的著名顾客包括伊丽莎白·泰勒和戴安娜·弗里兰，他为后者设计了一个极具异域风情的斑马纹手镯。1969年，他为多丽丝·杜克（Doris Duke）设计了一条夸张、华美、受到印第安文化影响的红宝石珍珠项链，这条项链由抛光金链构成，下面悬挂着多条由1136颗红宝石珠子构成的穗饰，其间点缀着珍珠。在珠宝配饰方面，翠法丽在1966年推出了印第安风格的翠玉珠宝，肯尼斯·杰·莱恩设计了佩斯利腰果花纹胸针和孔雀羽毛耳环。

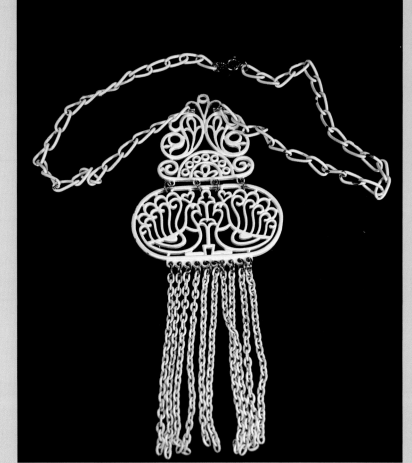

右上图：翠法丽等著名珠宝配饰公司紧跟嬉皮风，创作了具有民族文化印记的珠宝，例如照片中的金色流苏孔雀吊坠。

右下图：这张照片选自1968年的一本时尚杂志。该图展现的珠宝混入了嬉皮风，将念珠、印第安串珠和珊瑚绳索融为一体，成为文化大熔炉。

右页图：这张照片选自1969年的《时尚芭莎》杂志。头顶黑人假发的模特倚靠在西娅·波特（Thea Porter）设计的靠垫上，佩戴着由阿德里安·曼恩（Adrien Mann）设计的身体珠宝。阿德里安·曼恩公司创办于1945年，为批发首饰的家族企业。该公司专门批发低价时尚珠宝，并迅速响应当时的时尚潮流。

追忆似水年华

随着1960年代进入尾声，怀旧之风飘荡在空气中。女性时尚就像一阵龙卷风，呼啸而过摩登时代、太空时代和嬉皮时代，对于一些人来说，这一系列的创新令人难以置信。是时候开源节流了，设计师开始回顾此前那个相对而言并不快速消耗的时代，怀恋旧事，重审过去。彼芭（Biba）回到20世纪20年代和30年代，创造了一名时尚记者所描述的"光滑亮泽的丝绸礼服，黑纱帽子和为魅惑女性设计的鞋子"。新艺术派风格重新出现在高街精品店内出售的迷幻珠宝上，这些珠宝本身的颜色被粉色及绿色的荧光漆遮盖住。而装饰派艺术也得到重新评估，领头人是伦敦皇家艺术学院教授和英伦品牌利伯提印染总监伯纳德·内维尔。电影《雌雄大盗》（1967）和由肯·罗素拍摄的《男朋友》（1971）将怀旧之风推向主流。值得一提的是，在电影《男朋友》中，模特崔姬扮演了一名20年代跳踢踏舞的新时代女郎。

莉·斯坦（Lea Stein）

莉·斯坦（1931—）生于巴黎。她的丈夫弗尔南多·斯坦伯格是一名化学家，当时他发明了一项技术，通过使用极薄的乙酸片将赛璐珞叠压，从而制成色彩明艳多样、精致复杂的多层薄片。有了这项发明，莉·斯坦开始了她的珠宝设计。她将薄片烤硬，然后手工刻成模板，再用此模板设计出受到装饰派艺术启迪、样式简单却时髦的造型，有猫、帽子和女性头部等，有些刻有花边，有些饰有蛇皮，有些的表面华丽眩目。斯坦在给包括香奈儿的时尚品牌设计纽扣时，首次使用了该技术。1969年，斯坦设计了一系列珠宝，包括胸针、项链、手镯和耳环。这些珠宝在零售店出售直到1981年。斯坦最为人推崇的胸针为她在1975年设计的狐狸。狐狸胸针的尾部为时髦的闪电样式，伸展的双爪由塑料制成，该枚胸针有许多不同的颜色及款式。

莉·斯坦的珠宝公司在1991年重新开业，现在，该公司每年都会推出数量不多的新设计，一经推出，即刻被抢购一空。不同寻常的是，一些更为现代的珠宝作品比斯坦在职业生涯开端时设计的更为昂贵，这主要是因为现在每一系列的珠宝数量比她在70年代辉煌岁月设计的量更为稀少。莉·斯坦独具一格的珠宝样式让她的设计鹤立鸡群，而她受到20年代风格启发的珠宝造型和装饰效果也同样如此。除了60年代早期的设计，她设计的胸针都嵌有特别的V形扣环，背面刻有"Lea Stein Paris"字样。

上图： 该图展现了彼芭设计的室内装饰。彼芭推动了1960年代末开始的怀旧之风的盛行。该品牌的珠宝将装饰艺术派风格现代化，正如图片中所展示的，这名模特带着夸张的珠子项链和银戒指。

右页图： 该系列珠宝是莉·斯坦在1960年代末和70年代初设计的。从左边顺时针开始，饰品依次为：夹层赛璐珞彩虹袖扣和耳环；斯坦标志性的狐狸胸针，背面嵌有扣环并刻有文字，狐狸的双爪伸展；小鸟饰针和老爷车饰针的背面；小鸟饰针正面；音符饰针；黑白饰针；老爷车饰针正面。

"黑色即美"

1960年代末的"黑色即美"运动将时尚风吹进年轻黑人群体中，他们追随潮流，寻找能够表达他们文化和历史身份的时尚。这群年轻人放任自己的头发长成自然的爆炸头，而不是将头发拉直。他们追崇更非洲式的风格，包括夸张的串珠项圈和围兜项链。

珠宝复兴

维多利亚风格重新回归。在该风格复兴的短暂时间里，设计师使用塑料和树脂浮雕制成珠宝，例如格里（Gerry's）和朱莉安娜设计的珠宝浮雕珍藏品，以及仿古雕刻的金属搭扣和手镯。

主要风格与样式
1960
年代

太空时代

图中模特身着帕科·拉巴纳于1967年4月设计的由塑料方块拼接而成的裙子。拉巴纳因在1960年代设计了一系列极具未来主义风格的服饰而名声大噪。当模特身着拉巴纳服饰走T台时，这些服饰看上去更像太空时代服饰的蓝本，而不是高级时装。

欧普和波普

受到布里奇特·赖利和维克托·瓦萨雷里欧普艺术绘画几何效果的影响，这些元素能不费力地让珠宝饰品变得时尚摩登。图中的模特身着盖尔·科克帕特里克为Atelier设计的海军蓝与橙色相间的棉质罩衫，佩戴树屋（Tree House）于1966年推出的夸张耳环，耳环上绘有风靡一时的雏菊图案。

明艳色彩

1960年代是明艳原色当道的年代，正如图中模特佩戴的翠法丽珐琅蝴蝶饰针所示。安迪·沃霍尔、罗伊·利希滕斯坦等波普艺术家的作品摒弃高雅文化，转而使用流行的视觉语言。色彩鲜艳、轮廓鲜明的图形因此遍布所有的艺术品类和设计中，包括珠宝设计。

嬉皮风图案

"权力归花儿"最初是由"垮掉的一代"代表诗人艾伦·金斯伯格（Allen Ginsberg）在1960年代末创造的，他呼吁人们进行反越战和平游行，而不是暴力抵抗。嬉皮士将花朵变成装饰性图案，让其进入主流时尚珠宝中。

吊坠

夸张的吊坠风靡于1960年代，并在70年代仍保持了流行势头。从莎拉·考文垂、歌黛特，到高级银匠大卫·安德森，大多数珠宝饰品制造商都制作了夸张的吊坠。这些吊坠有的为铰接式动物形状，如猫头鹰，有的为民族风图案，有的则为别具一格的马耳他十字架形状。

民族风

印度文化、埃及文化和亚洲文化在珠宝设计中得到了展现。当时的珠宝通常会展现一种或多种民族元素。民族风珠宝通常使用大胆艳丽的色彩，正如肯尼斯·杰·莱恩、Accessocraft、翠法丽和歌黛特设计的珠宝所展现的，民族风在1970年代依旧盛行。

塑料

在皮尔·卡丹、库雷热和鲁迪·简莱什等设计师对太空时代风格进行试验后，塑料成为了炙手可热的材料，这从乔·哥伦布（Joe Columbo）设计的塑料家具和图中设计于1960年代中期色彩明艳的透明塑胶珠宝中就可看出。

1970年代：
身体、无畏及美丽

　　20世纪70年代，经济萧条和示威游行困扰着人们，全球文化陷入深深的幻灭感，嬉皮士"兼爱，非攻"（Make Love, Not War）的理念在后核战世界里变得越来越坚不可摧。珠宝饰品开始展现人们的精神世界，而不是展现明晃晃的财富，因为人们相信，在节制的全球大背景理念下，庸俗毫无落脚之地。时尚界也展现出相同的朴素作风，嬉皮风成为主流风格，民族风继续流行，这些风格在土耳其长袍、拼布宽摆裙和粗棉衬衫中被体现得淋漓尽致。国际风格令人陶醉，伊夫·圣·洛朗（Yves Saint Laurent）、比尔·吉布（Bill Gibb）和桑德拉·罗德斯将嬉皮运动中反主流文化的着装转变成"豪华式贫穷"（Poverty Deluxe）的高级时尚。作家汤姆·沃尔夫（Tom Wolfe）在描写当时美国人的着装风格时，也将其称为"激进的时尚"。高端珠宝也效仿时装界，著名珠宝店开始采用民族风和街头风。

　　激进女性主义的崛起凸显了这样一个事实，即60年代的抗议示威将在70年代得以继续，正如杰梅茵·格里尔（Germaine Greer）在她引起巨大反响的著作《女太监》中所宣称的。在她措辞激烈的书中，时尚系统被全盘抛弃了，以此作为女性在父权文化中被压迫的例证。格里尔目睹了自然惠赐作物被洗劫一空来装饰所谓的"永恒的女性"，以此达到潜在的不良效果："人们搜刮深海，只为获得珍珠和珊瑚来装饰女性，人们翻开土壤，这样女性就可以佩戴黄金、蓝宝石、钻石和红宝石。"珠宝界改弦易调，成为一种艺术形式，它诚挚地思考了自己在世界中的地位，使其更为接近观念艺术，而不只是代表奢华和地位，正如荷兰珠宝商罗伯特·斯密特（Robert Smit）和捷克斯洛伐克金匠休伯特斯·冯·司考（Hubertus von Skal）在作品中所体现的。

趋势和影响

珠宝界必须在内敛和奢华间找到平衡点。梵克雅宝是这方面的先锋，它采用黄金底座，上面镶嵌红宝石、翡翠和钻石，既保留了西方的奢华之风，又带有明显的印第安文化印记。意大利珠宝品牌宝格丽（Balgari）在1970年代名声鹊起，它同样也设计了既彰显尊贵又休闲随意的贵重珠宝，这些珠宝经过设计师的精心设计，在抛光黄金底座上镶嵌着长阶梯形宝石，能全天佩戴。宝格丽首家国际性商店位于纽约第五大道的皮埃尔酒店，到70年代末，宝格丽席卷了巴黎、日内瓦和蒙特卡洛的上层社会。宝格丽带来令人耳目一新、具有异域风情的作品，包括1972—1979年的图坦卡门珍宝巡展。这次巡展让索菲亚·劳伦（Sophia Loren）、奥黛丽·赫本等明星纷纷佩戴受古埃及文化启迪的珠宝设计。

与宝格丽关系最为紧密的顾客就是痴迷于钻石的伊丽莎白·泰勒。在那个年代，泰勒对于钻石的热恋被载入史册，尤为浓烈的一笔要数1970年，她的丈夫理查德·伯顿（Richard Burton）送给她一颗巨大的钻石，后来被称为伯顿－泰勒钻石。这颗梨形钻石完美无瑕，重69.42克拉，是从1968年哈利·温斯顿购买的一颗钻石上切割下来的，后由卡地亚将其镶在一条奢华璀璨的项链上。这颗钻石的首秀是在泰勒参加摩纳哥王妃40岁生日派对上。

左图： 莎拉·考文垂于1970年代早期设计了这枚草莓饰针。这枚饰针的灵感也来源于嬉皮风。该公司自1950年创立，直到1984年被他人接管，其制作的珠宝通过"时尚总监们"举办的派对销售给顾客。

第152页图： 图中模特身着拉斐尔（Rafael）设计的淡紫色睡衣，外披受日本文化影响的印花乔其纱和服，佩戴饰有树叶金片的项链。

左图： 来自艾森伯格（Eisenberg）的水钻饰针，下坠巴洛克式珍珠吊坠。著名的艾森伯格公司一直制作珠宝配饰，直到1977年。如这枚饰针，艾森伯格从1970开始设计的华丽配饰背面都刻有"艾森伯格之冰"字样。

左页图：来自宝格丽的吊坠项链，由珊瑚、玛瑙、钻石和珍珠母制成。宝格丽一直能对于不同文化的影响作出迅速回应，如在1970年代中期举办的图坦卡门珍宝巡展后，宝格丽对于埃及风珠宝产生了浓烈的兴趣。

上图：来自1970年代宝格丽设计的一系列钻石珠宝。在70年代，感性的嬉皮风被更黑暗颓废的审美所替代，正如这张法国版《服饰与美容》杂志中的图片所示。名声显赫的珠宝公司设计了极为高端奢华的珠宝，以满足新摇滚贵族的需求。

珊瑚是海洋生物珊瑚虫死亡后的骨骼形成的，它在1970年代回归时尚界，得到了各类顾客的追崇，正如它在20年代的风靡一样（参考第49页的卡地亚粉盒）。富贵人士购买令人垂涎、价格昂贵的伯爵（Piaget）"天使之肤"全套首饰，而那些家境适中的则定购由雅芳（Avon）、莎拉·考文垂等珠宝公司制作的塑料珊瑚吊坠和耳坠。在70年代，珊瑚的主要产地，尤其是美国夏威夷和中国台湾，出口了不计其数的珊瑚。不幸的是，海洋中的珊瑚被过度开采，人们越来越难以找到适合制作珠宝的珊瑚。

收藏古董珊瑚首饰

红珊瑚的颜色具有多样性，从粉白色到牛血色不等，其中最珍贵的是牛血色和像天使皮肤般的粉红色。

由珊瑚做成的首饰质地紧密光滑，没有肉眼可见的凹痕。

小心仿制品。在古董首饰中，人造树脂通常被用来制作假冒红珊瑚。要想测试红珊瑚的真假，可以将其放进一杯牛奶中，珊瑚会让白的牛奶色变为粉红色。

许多维多利亚时期的胸针和耳饰都是由天然珊瑚制成的。

珊瑚跟黑玉一样硬度不高，多用于制作浮雕首饰、戒指、胸针、手镯和项链。

迪斯科（Disco）

在风流颓废的1970年代，迪斯科的兴起以及宇宙球灯的反射效果再次渲染了珠宝的光芒。音乐记者马克·雅各布森（Mark Jacobson）于1975年写道："古怪的20厘米高的高跟鞋、发光的妆容和令人惊讶的暴露成为了新的潮流。很明显所有的舞厅都受到了影响，如同杰克逊五兄弟乐队（the Jackson 5）唱的，'跳吧，跳吧，跳舞的机器。'所有人都疯狂了。"

54俱乐部（Studio 54）成立于1977年，在开业的两年里，它成为了名流的聚集地，安迪·沃霍尔、雪儿（Cher）和丽莎·明尼里（Liza Minnelli）都是其中的常客。金属在闪光灯下反射出耀眼的光芒，使得网状的项圈和仿丝花头巾成为新的流行风潮，被穿着亮片紧身衣、涂着亮色唇彩、浑身闪烁着光芒的人们所青睐。多环式耳饰成为了一种流行，它只能夹在耳朵上，因为耳洞根本无法承受它的尺寸和重量。同时，佩戴硕大的吊坠也开始流行，无论男女都追随着这股潮流。

右页图：英国利伯提百货的宣传照，模特穿着英国服装设计师凯瑟琳·哈玛尼特（Katharine Hamnett）设计的卡其色衬衫，搭配着珊瑚首饰。这家百货公司自1875年开业起，就延续着展示来自世界各地的设计精品的传统。图中的首饰于1970年代进口自非洲、中国西藏和印度等地。

左图：由珊瑚和钻石打造的雕刻精美的卡地亚手镯和鸡尾酒戒指。手镯上雕刻着动物头像，灵感源自中国神话中口吐火焰的怪兽，这是一种最为古老的首饰形式之一，可以追溯至公元前8世纪。卡地亚于20世纪早期就推出了这个设计，直到1954年艺术总监贞·杜桑（Jeanne Toussaint）将珊瑚运用到其中，它才开始声名大振。

下图：伦敦利伯提百货1970年代进口的珠宝首饰。镶嵌着珊瑚的银质项链和耳环来自摩洛哥，银质宽手镯产自印度。

民族风珠宝

　　主流珠宝界继续弥漫着民族风。巨大的墨西哥银饰珠宝风靡一时，古埃及T型十字架和意大利角饰也盛行于世。夸张的纳瓦霍人串珠银项链饰有产自亚利桑那州巨大的绿松石、珊瑚及熊爪状饰品，受到了雪儿等明星的喜爱，他们纷纷佩戴。大卫·韦伯的自然美学继续受到人们的喜爱，而他对水晶及其他半宝石的利用，如碧玉和青石棉（又名虎眼石），影响了大多数著名珠宝屋。这些珠宝屋将这些宝石融入自己的设计中。黛安·冯·芙丝汀宝（Diane von Furstenberg）作为创造了那个年代几乎人手一件的同名裹身裙的时尚设计师，佩戴着大卫·韦伯设计的夸张项链，头顶她那浓密有光泽的秀发，在美版《服饰与美容》杂志上一展风采。

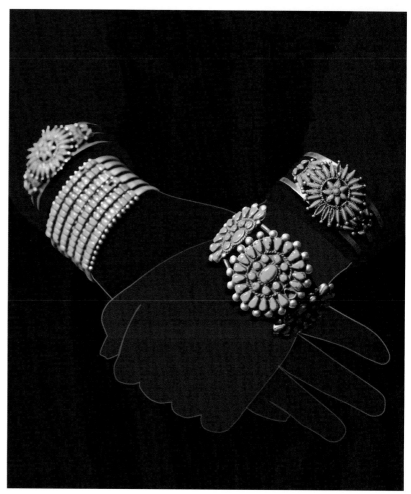

右图： 来自1970年饰有亚利桑那州绿松石的纳瓦霍人银项链。对于印第安部落纳瓦霍人来说，绿松石是来自上天的礼物，有治愈功效。纳瓦霍人从墨西哥工匠那儿学会了锻造银的技术，并将其融入到他们自己的饰品中。

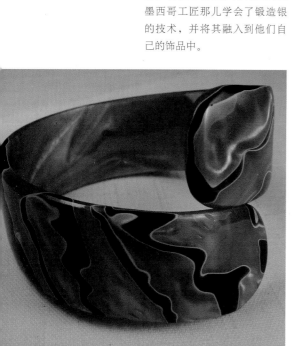

左上图： 来自1970年代的塑料手镯，采用了更为自然、具有秋天气息的颜色。这种色彩在70年代取代了60年代的明亮原色。

右上图： 莉斯坦在1970年代设计的手镯展现了当时的设计师们摈弃了明艳的色彩，而采用更为柔和的色彩使之与当时的风格相配的做法。

右图：摄影师伯特·斯特恩（Bert Stern）镜头下的露露·德拉法蕾斯（Loulou de la Falaise）。德拉法蕾斯是伊夫·圣·洛朗的灵感缪斯和合伙人。她穿着"奢华式贫穷"嬉皮风服饰，配以民族风珠宝。

上图：由乔治・迪・圣安吉洛于1970年设计的夸张穗状串珠耳环。这一妙趣横生的耳环并不实用，旨在营造一种奇幻、嬉皮、奢华之风。耳夹位置偏上，这是为了支撑耳环的重量。

身体珠宝

1960年代在性解放的风潮、唾手可得的节育方法和女性时尚的性感风这些社会风气使得70年代的美术和大众文化开始关注女性身体。1960年3月9日,艺术家伊夫·克莱因(Yves Klein)在巴黎的国际当代艺术画廊展出了他的《蓝色时期的人体测量学》:一名穿着正式的观众泰然自若地看着裸体模特们在克莱因《单调交响乐》的伴奏下,将涂有颜料的身体印记留在画廊墙上和地上的白纸上。模特沃汝莎卡(Veruschka)在摄像镜头前展示她身上绘着的错视画,以及伊夫·圣·洛朗委托雕塑家克洛德莱兰(Claude Lalanne)将她的胸部铸成金属雕塑。这些艺术家的作品展出后,"身体"绘画开始与时尚相联系。乔治·圣安吉洛等先锋派珠宝设计师通过创作夸张的作品,例如符合身体构造、能展现女性性感曲线的胸甲和镶满宝石的文胸,开创了新的身体艺术。

罗伯特·李·莫里斯(Robert Lee Morris)

罗伯特·李·莫里斯(1947—)是将珠宝作为可佩戴身体艺术的先驱之一,他因与设计师卡文·克莱因、卡尔·拉格斐(Karl Lagerfeld)和唐纳·凯伦(Donna Karan)设计T台饰品而闻名于世。他断断续续为这些设计师们工作了20多年。莫里斯于1947年出生于德国纽伦堡,二战后,他的父亲作为一名美国空军士兵驻扎于此。由于莫里斯的父亲不断地更换驻守岗位,他接触到了不同的文化(据他估计,至少有25种),包括巴西文化和日本文化。在日本的5年时间里,他们一家人住在纸屋子里。这种世界观影响了莫里斯的珠宝设计,他从全球文化和古代历史遗存下来的护身符中汲取灵感。

1969年,莫里斯从威斯康星州毕洛伊特学院毕业,获得艺术及考古学位。之后,他加入了一个艺术家公社,开始用从当地五金店买的黄铜和铁丝设计一些简单的珠宝。1970年,公社被大火毁之一炬,他迁往佛蒙特州,在那里用黄铜和金银铸造雕塑品,提高自己的技艺。他的雕塑表面起伏不平,自然有形,并未使用任何宝石。他通过尝试新技术,给现代艺术品注入古老的感觉,与他反主流文化同伴们的追溯往昔之情交相辉映。正如他在伊特鲁里亚人黄铜雕像表面铺满24开金,他也尝试使用绿锈来制作工艺品,在他看来,绿锈让人联想到石头的风化,给人一种中世纪盔甲的感觉。莫里斯一直更为重视材料的设计价值,而不是材料本身是否名贵。

左上图:罗伯特·李·莫里斯于1977年设计的著名的奶油甜煎卷腰带。奶油甜煎卷是西西里岛的一道甜点,它用炸过的面团制成,形似管子,内部挤满里科塔奶酪。莫里斯模仿这一传统意大利美食的样子,使用黄铜、铜和羽毛制成这条腰带。

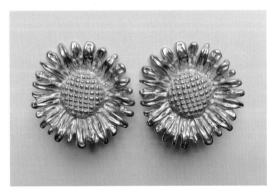

左中图:罗伯特·李·莫里斯于1970年代设计的镀金黄铜向日葵耳环。莫里斯在他漫长的职业生涯中尝试了许多抛光和做旧技巧。

下图:罗伯特·李·莫里斯于1978年设计的涂有铜绿的人字形黄铜项圈。在1970年代,莫里斯使用金属而不是半宝石来创作艺术品,通过简单的造型和试验性制品的绿锈来展现视觉美。

1970年代早期，莫里斯的作品《可佩戴雕塑》在前卫的纽约画廊展出。画廊在纽约皇冠假日酒店举办，管理者是琼·松娜班德（Joan Sonnebend）。人们可以在这里买到亚历山大·考尔德、毕加索、超现实主义摄影师曼·雷（Man Ray）等艺术家举世无双的艺术品。由于莫里斯的创作品销售最为火爆，他于1977年在曼哈顿开办了自己的画廊，名为"艺术穿戴品"。这一时期，莫里斯的珠宝作品受到了土著艺术、青铜器时代手工制品和非洲部落铁制品的启发。他使用巨大的唱片、心形和X形的金属创作了具有明显雕塑风的饰品，例如古老的十字架、角斗士护腕、项圈、腰带和指节铜环。这些作品放在展示橱窗里由熟石膏做成的躯干上，令人眼前一亮。坎迪斯·伯根（Candice Bergen）、雪儿、比安卡·贾格尔（Bianca Jagger）和格里斯·琼斯（Grace Jones）都佩戴过他设计的珠宝。

1985年，莫里斯开始了他与唐纳·凯伦的长期合作，该年他为该品牌的首次T台秀设计样式简单却自然感性的珠宝。在这次T台秀中，唐纳·凯伦展示了她设计的优雅版权威穿着，并体现了随处可见的"身体"标志。之后，莫里斯将银质元素加入唐纳·凯伦的服饰中。到90年代，莫里斯已和所有的纽约风云设计师进行了合作，包括卡文·克莱因、迈克·高仕（Michael Kors）和杰弗里·比尼（Geoffery Beene）。最近，他开始为电视名人双胞胎奥尔森姐妹花（Mary-Kate and Ashley Olsen）设计珠宝。就像他说的："在我看来，大众时尚珠宝完全是用来装饰的，它使用大量的闪亮元素来获得璀璨效果。就像鸟儿天生有色彩艳丽的羽毛，这是人类文化的一部分，并会一直存在。但是，我的作品注重古典主义，好似传家宝一样造型古老，而不具有当代风格，这与现实世界格格不入。我的理念里充满了人类学色彩，而我的态度就是'少即是多'。"

同恩·维格伦德（Tone Vigelund）

挪威珠宝设计师同恩·维格伦德（1938—）出生于奥斯陆，曾在国立艺术与设计学院接受教育。在给一名银匠当学徒后，她被授予"珠宝设计大师"的称号，并于1962年成立了自己的工作室。在50年代她的珠宝创作使用了广受欢迎的原子造型，由挪威银饰设计公司在挪威腓特烈斯塔的加应用艺术中心生产。到70年代，维格伦德创作的珠宝大胆美丽。她在创作时，将人体整体考虑在内，而不仅仅是手指或者腰部，她注重作品的灵活性，从而实现佩戴的舒适度。维格伦德将钢铁、羽状银饰、珍珠母和样式简洁的手制铁钉相结合，创造出巨大的项圈，她还用氧化后的银制作柔韧的网孔锁子甲，来展现女性身体的曲线。

左页上图： 到1970年代中后期，将璀璨珠宝镶进珍贵金属的传统做法已不再流行了。首饰由普通金属加工而成，能装饰大部分身体部位，其他年代的作品在这方面都难以企及。在这张拍摄于1977年的照片中，模特兼歌手格里斯·琼斯佩戴着一对金属臂箍。

左页下图： 同恩·维格伦德大胆美丽的设计是1970年代最具创造性的设计之一。她的作品柔韧灵活，让最前卫的设计也具有良好的可穿着性。

右图： 在1970年代，首饰摒弃昂贵的珠宝，通过雕塑般的美感来吸引眼球。图中由皮尔·卡丹设计的项圈及夸张的吊坠采用了北欧现代主义极简风，用夸张的造型来实现戏剧化效果。

珠宝探索

先驱艺术家和珠宝设计师戈尔达·弗洛金格让珠宝设计达到了前所未有的艺术高度，当时的英国迟迟不予接受现代美学，而他在英国现代珠宝发展中起了至关重要的作用。在1962年，弗洛金格在香雪艺术学院（Hornsey College of Art）开创了试验性的珠宝课程，成为一名颇有建树的老师，影响了几代学生。在弗洛金格等一群才华横溢、全心奉献的珠宝设计师的努力下，伦敦及其周边成为新工艺运动的中心。他们将自然材料（有时还包含合成材料）的使用和含蓄的实用性相结合，来推动工作室珠宝这一理念。这可从大卫·沃特金斯和温迪·拉姆肖之后的作品中看出。弗洛金格的风格抽象、质地粗糙的金银饰品隐晦地表达了她拒绝回归到古老样式的想法。据沃特金斯所说："她将她所使用的材料解构至几乎碎裂的状态，然后浓缩出精华，上面分布散乱的宝石好像是在金属熔岩里一样。"1971年，芭芭拉·卡特利奇（Babara Cartlidge）在伦敦南莫尔顿街开办了银金矿画廊（Electrum Gallery）来支持先锋派珠宝。这给弗洛金格等珠宝设计先驱们提供了一个非常重要的作品经销渠道。弗洛金格在1969年构想开一场个人展，这一构想在1971年得以实现。那年，她在伦敦维多利亚和阿尔伯特博物馆举办了个人展，成为首位获此殊荣的在世女艺术家。

1976年，苏格兰艺术协会和工艺品咨询委员会在英国举行了一场极为重要的巡回展。这一巡回展名为"欧洲珠宝：渐进性的作品展"，它横向地展现了欧洲史上最为重要的设计，旨在改变人们对于珠宝的看法。在这场巡回展中，珠宝设计师被视为探索家，就像组织者拉夫·特纳（Ralph Turner）在展览图录中写道："这次的探索可能会让设计师创作出并不适合佩戴的珠宝。诚然，珠宝设计师们可能会对此嗤之以鼻，而我们也可能正在目睹珠宝界向雕塑界的转变，或者向包含这两者特点的领域转变。"

参展者包括德国金匠乌尔利·克巴尔斯（Ulrike Bahrs），他创作了以微型绘画为图案的胸针。引用了荣格心理分析潜意识中的青金石、乌木、珍贵金属与铸铁、亚克力、珍珠母和其他取材于自然的材料，如水晶、鹅卵石和花瓣，将这些材质相结合制成象征古代世界的标志图形，如金字塔、魔法圈和古老的广场。在赫斯·贝克的作品中，可以观察到和流行于70年代、并统治高端艺术制作的概念及表现艺术时尚之间的显著联系。这些作品本身就是60年代嬉皮运动中偶发艺术的

派生物。赫斯·贝克出生于1942年，是一名荷兰珠宝设计师。他将珠宝和身体的关系发挥到了极致。1973年，他用细金铁丝作成一个"手镯"，这个手镯被紧紧地箍在手臂上，直到铁丝陷进皮肤里。贝克解释道："人们只能看见这么一个象征。与手镯相比，人们更专注身体。接下来，我不会使用铁丝，我只会展现铁丝此前留下的印记，印记本身就是珠宝饰品。"

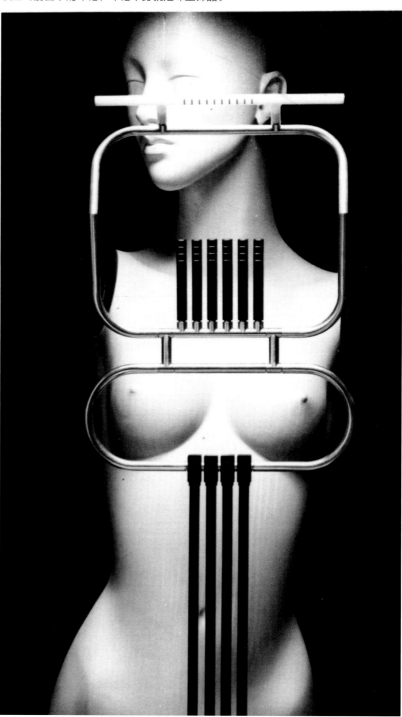

大卫·沃特金斯（David Watkins）

沃特金斯（1940—）为斯坦利·寇比力克（Stanley Kubrick）拍摄的电影《2001太空漫游》（1968年）制作特效并担任模型工。在这期间，他的创作开启了他对于未来主义样式的探索，他创造的小型宇宙飞船模型被使用在很多科幻场景中，如果不仔细看，很难观察到飞船上的细节。而他早期的珠宝作品也受此影响。电影中太空站和探月卫星的形状激发了沃特金斯，从而创作出由银饰和白色珐琅制成的项链和胸针，以及标志性的、极具未来主义风格的项链。在1970年代，沃特金斯传承了德国建筑师包豪斯的现代主义，设计出样式简单却风格优雅的极简主义身体饰品。到了80年代，他的作品出现了不同的颜色，展现出了新的风采。在这一时期，他进行了更多的尝试，使用不同的材料，包括纸、珍贵金属和工业金属。他的灵感来自于科学，而不是历史。沃特金斯近期的作品包括一条意义深远的白色亚克力项链，该项链的咬合部分先由电脑建模，再通过水切割完成。

左上图： 大卫·沃特金斯于1975年设计了这条由铰链圈、亚克力和金制成的项链。沃特金斯受科幻影响的单色作品在80年代增加了原色色彩。

左中图： 大卫·沃特金斯于1970年左右设计了这个由锻钢和蓝钢制成的手镯，上面饰有18开的金线条。手镯简单的几何造型给人以强烈的视觉效果。

左下图： 大卫·沃特金斯受科幻影响于1977年创作的极简同心圆铝制手镯。

下图： 格尔德·罗斯曼（Gerd Rothmann）于1970年设计的铁质亚克力手镯，手镯上的图案为巴格代拉桌球游戏。罗斯曼是艺术工匠先驱之一，他在70年代早期受到波普艺术的启发，在珠宝设计中推广亚克力材料的使用。

左页图： 大卫·沃特金斯于1975年设计了这件由亚克力、金和铝支撑的巨大的吊坠身体饰品。沃特金斯早期的珠宝制品展现了他受到自己为斯坦利·寇比力克拍摄的电影《2001太空漫游》中担任模型工的影响，充满未来主义极简风。

温迪·拉姆肖（Wendy Ramshaw）

拉姆肖（1939—）在1976年"欧洲珠宝"展上献出了自己的处女秀，并开启了自己光辉璀璨的职业生涯。她基于一系列简单抽象的图形设计珠宝，如圆形、方形、环形和带状。这些形状或大或小，不断出现在她的设计中。拉姆肖出生于达列姆郡桑德兰镇，1956—1960年在纽卡斯尔从事插图和织物设计工作。1973年，她被授予尊贵金匠公司荣誉设计师称号。她设计的阳极电镀金银戒指中镶嵌着珐琅和玻璃，要多个一起佩戴，戒指有部分可以移动，并且相互联结。拉姆肖还设计出车床加工的架子，用以放置戒指，让它们在闲置时看起来像是小型的雕塑。拉姆肖在1970年代早期设计的珠宝受到了机械和太空时代技术的启发，而她之后的设计参考了诸多题材，如土著艺术（此前她居住在澳大利亚）、毕加索绘画和17世纪肖像绘画中的蕾丝衣领。一枚名为"石化的蕾丝"的饰针设计"受到了这样一种想法的启发，即人们有可能通过另一种方法，将柔软精致、富有魔力的蕾丝变成更为坚硬的材料，以不同的方式佩戴它"；就像她所说的，"我只想制作东西，将它们构思出来，然后实物化。"

上图： 1960年代，夫妻组合大卫·沃特金和温迪·拉姆肖创办了一个名为"特别之物"（Something Special）的公司。该公司生产价格低廉、色彩明艳、可自己组装的荧光纸质珠宝。这些珠宝通过伦敦和日本的经销店出售。图中是他们在1968年左右设计的一系列纸质耳环，坠饰从铁丝上悬垂下来。

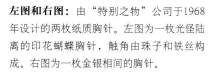

左图和右图： 由"特别之物"公司于1968年设计的两枚纸质胸针。左图为一枚光怪陆离的印花蝴蝶胸针，触角由珠子和铁丝构成。右图为一枚金银相间的胸针。

上图：温迪·拉姆肖于
1978年设计的戒指，挂在
拉姆肖标志性的亚克力架
上。拉姆肖设计的戒指能
够组合在一起，需一次佩
戴多枚。不佩戴戒指时，
将它们挂在亚克力或金属
柱子上，就构成了一件小
型的雕塑品。

加拿大野兽派

　　1970年代，加拿大一小批工作室珠宝商在国际上崭露头角，他们从设计一次性珠宝转为大规模制作。野兽派艺术，作为一个与战后建筑息息相关、被称为更为约束的现代主义的美学风格，在70年代蓬勃发展。野兽派运动号召人们关注建筑的结构和材料，就像学派创办人雷纳·班汉姆（Reyner Banham）所描述的："将建筑理念简单化、易懂化，摒弃神秘色彩、浪漫主义，摒弃内容和功能的晦涩。"

　　这一"忠于原材料"的理念可从拉法尔·阿尔凡德里（Rafael Alfandary）、罗伯特·拉林（Robert Larin）和吉勒斯·维达尔（Gilles Vidal）的作品中看出。他们创作了一系列超现代化的抽象珠宝，让女性有更多的选择。阿尔凡德里回避了任何有关魅力浮华的理念，专攻动态设计，他主要锻造铜和黄铜，将它们与色彩鲜明的穆拉诺（Murano）玻璃宝石或颜色更为柔和的天然宝石结合。罗伯特·拉林出生于蒙特利尔，于1968—1972在帕皮诺街开办了一家工厂。在那里，他和他的团队通过脱蜡铸造法用白蜡创造野兽派抽象作品。脱蜡后，团队成员用手工将白蜡吊坠、胸针和手镯锉光，来保留和月球表面相似的坑洼外表。之后，这些珠宝或者保持这种状态，或者被镀上金或银。吉勒斯·维达尔和拉林一样，也生活在蒙特利尔。他也主要用白蜡进行创作，但是他设计的抽象造型更为精致优雅。野兽派建筑现在被认为是建筑史上的重要流派，而这些加拿大设计师重新闪光于世界舞台，也只是时间问题。

底图：左图的手链和最右图维达尔的抽象吊坠相搭配，它们的中间都饰有球状装饰。这条吊坠给现代主义几何风格以手工感。维达尔的标记被嵌在饰品中部。

左上图和右上图：罗伯特·拉林在1970年左右创作了这一受外星人启发的镀银白蜡胸针。拉林是1970年代蒙特利尔先锋珠宝设计师之一，这些珠宝设计师因他们的手工和野兽派风格而为人熟知。右上图为拉林的标志细节。

中左图：罗伯特·拉林设计的蜘蛛网胸针，中间饰有人造珍珠。

中右图：蒙特利尔设计师吉勒斯·维达尔（又名盖尔）设计的白蜡银合金耳环。

左上图：图中展现了夸张的镀金白蜡吊坠，中间嵌有人造琥珀。这件作品被认为是罗伯特·拉林在1970年左右创作的。

右上图：吉勒斯·维达尔设计的正反两用的方形白蜡吊坠。该吊坠展现了他标志性的质地粗糙的表面设计。这一好似月球表面的压印设计细节经常出现在1970年代加拿大先锋珠宝设计师的作品中。

中图：这枚优雅、表面刻有符号的饰针由吉勒斯·维达尔设计，它充分运用了几何元素。

左下图：这枚银戒指上镶有一颗人造珍珠，中间印有抽象雕塑图案。

右下图：这枚胸针展现了拉林创作的质地极其崎岖不平的表面设计，它通常被收藏家称为"容颜泡沫"。

朋克：解构珠宝

1977年，时尚人类学家泰德·波尔希默斯（Ted Polhemus）纪录了一种看起来让人颇为不安的新街头风格。他在为英国版《服饰与美容》描述一名独自行走在伦敦街头的朋克女孩时写道："一束红光洒在拥有一头亮丽橙发的女孩身上。她面部苍白，眼窝暗黑。她戴着黑皮项圈和布满饰钉的腰带。她的T恤上饰有金属链条和拉链，皮肤被黑色的聚氯乙烯材料包裹着，脚踏一双冰粉色细高跟。"

朋克风咄咄逼人、震撼人心、时髦别致。青少年头顶色彩明艳、尖形高耸的染发，面带夸张的部落风妆容，身穿随意挑选的衣服，在大街上招摇过市。他们将最为低廉的物件变成反主流文化的高街时尚。毫不起眼的别针成为这场运动的象征。当别针在平面设计师杰米·瑞德（Jamie Reid）的画作中穿透伊丽莎白二世的嘴唇时，人们心中升起一股平平无奇、却激动人心、好似施虐受虐的混合之情。在大街上或在俱乐部里，如伦敦丽兹和纽约CBGB，人们仅仅将别针穿过耳洞或上唇，以达到视觉冲击效果。但是，这种潮流立即涌入珠宝设计中，如1970年代末新浪漫主义者佩戴的奈费尔提蒂式的夸张项圈，或桑德拉·罗德斯设计的镶有珠宝和别针的朋克服饰。罗德斯因将品味和精致工艺带入朋克风而受人诟病，因为朋克作为一种街头风格，推崇的是廉价和低俗。而正是由于Poly

Styrene和The Rezillos乐队成员Fay Fife的努力，充斥着霓虹色彩的低俗塑料珠宝在经历了60年代的蛰伏后才重回时尚界。人们走遍二手商店，搜寻摩登风耳环，俗艳花哨、样式天马行空的串珠和50年代的贵宾犬造型胸针以及水果沙拉造型的塑料珠宝，用这些珠宝搭配嵌满饰钉的豹纹皮衣。

朋克运动影响深远，尤为重要的一点是这场运动催生了一批将统领80年代早期先锋派珠宝设计的年轻设计师。其中最为大胆的是朱迪·布莱姆（Judy Blame），他是一名伦敦造型设计师和珠宝设计师。他与传奇造型设计师雷·佩特里（Ray Petrie）合作的风格随意的作品充满想象力，使用了纸质别针来装饰项圈、袖口和翻领，并在80年代早期登上了时尚杂志 *ID* 和 *The Face*。最近，他为许多著名时装屋担任创意顾问，其中包括迪奥设计师约翰·加利亚诺（John Galliano）。朱迪·布莱姆原名克里斯·巴恩斯（Chris Barnes），之后改为现名。他说："我想取一个女性的名字，因为所有人改的名字都与其性别相符，所以我想把人们搞糊涂。朱迪是我一个朋友给我的别称，而布莱姆是某天突然出现在我脑海里的词。这个名字听起来像是50年代烂片女演员的名字，一位只拍了一部电影、名字石沉大海、肤色白皙的金发小妞。我喜欢这个名字。"

布莱姆的颠覆性风格加入了朋克的"改道"（Detournement）理念，而这一理念则是从1960年代末巴黎情境画家那里借鉴而来的。"改道"就是将低俗文化转变为艺术，从而改变它的意思。为此，薇薇恩·韦斯特伍德（Vivienne Westwood）在1977年设计了一系列绷带装，毫不起眼的刀片和别针也成为了可以护身的珠宝。布莱姆继续着他的创作，他设计出野蛮无序的朋克风珠宝，珠宝带有的夸张风格和充斥着伦敦酒吧文化的新浪漫主义相得益彰。布莱姆设计的夸张项链和链条手链上吊着珍珠、羽毛、啤酒瓶盖、塑料士兵、贝壳、非洲织物和复古纽扣。注重外表、对性别有刻板印象的出入酒吧的人们都佩戴着这种项链和手链。任何可以当作珠宝的东西，如羊毛球和蓝色垃圾袋，都被布莱姆用来打扮模特，菱沼良树（Yoshiki Hishinuma）的一场时装秀便是如此。

安德鲁·罗根

安德鲁·罗根（1945—）出身于英国牛津，之前是一名建筑师。1970年，他与时尚设计师西娅·波特（Thea Porter）相遇并与其一起工作，此后进入了珠宝设计界。之后，他开启了与桑德拉·罗德斯的长期合作。罗根是伦敦艺术界举足轻重的人物，他在巴特勒码头（Butler's Wharf）开了一家工作室，和导演德里克·加曼（Derek Jarma）和艺术家霍华德·霍奇金（Howard Hodgkin）共处一室。在罗根看来，"艺术可以在任何地方被发掘"。罗根庸俗的波普艺术美学可以在1972年创办的高山营地"另类世界小姐"（Alternative Miss World）和他设计的造型夸张、镶嵌有荧光镜片的马赛克珠宝设计中看出。巨大的手镯、皇冠和镶有宝石的蝴蝶胸针一直出现在桑德拉·罗德斯的T台服饰设计中，他用珠宝之巨大来映衬薄如轻纱的雪纺印花服饰。

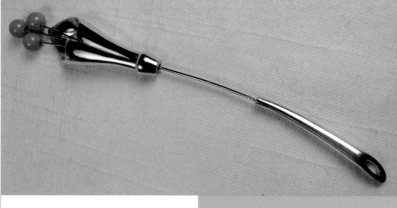

领带夹

浮华的珠宝饰物在1970年代退出时尚舞台，更为稳重的饰品成为主流。领带夹就是风靡一时的饰品。最初，领带夹是给男士用来固定领带或领结的。女性将其改编成夹克翻领的装饰物。图中的纪梵希领带夹具有很强的代表性。

有质感的金属

所有形式的金属在1970年代的珠宝设计中扮演着至关重要的角色。由于璀璨珠宝的短缺，设计师被迫专心设计出表面富有质感的金属浮雕饰品。图中的吉勒斯·维达尔吊坠是这一阶段影响深远的加拿大作品中的典型代表。

主要风格与样式

1970 年代

绳索戒指

随着宝石在时尚界地位的下滑，样式更为简单、用矿物颜料和自然材料制成的戒指开始盛行，如红木、象牙和乌木，当时人们在佩戴戒指时，要叠加佩戴好几枚。图中展示的金绳索戒指和红玉髓戒指、纯金戒指和绿玉髓（或石英）戒指相互叠加，广受欢迎。

时尚珠宝

珠宝配饰更多地展现金属的效果，而不是色彩斑斓的宝石。图中的金色套索项链和耳环由莫奈品牌（Monet）出品。这组设计预见了1980年代仿金当道的时尚发展趋势。莫奈创办于1928年，原名为莫纳手工工坊（Monocraft），2000年被丽诗加邦（Liz Claiborne）买下。

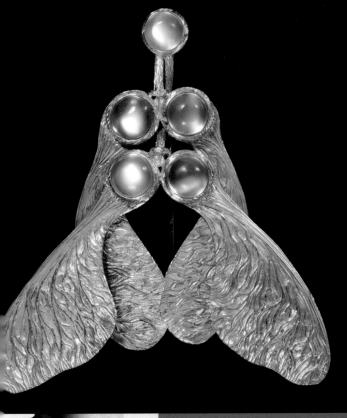

新艺术派的复苏

嬉皮运动的影响持续推动了手工艺的复苏，重燃了人们对新艺术派的热情。马尔科姆·艾普比（Malcolm Appleby）于1975年创作了图中的雕刻金胸针，胸针为悬铃木翅果形状，种子由月长石制成。

身体珠宝

1960年代晚期嬉皮文化的生解放观点在1970年代得以继续，人们越来越关注于身体。珠宝开始取代衣服，成为身体的装饰品。无论能力高低，珠宝设计师们都开始制作他们自己的身体珠宝。图中展现的是皮尔·卡丹于70年代设计的项圈。

黄铜

在1970年代，许多设计师在约玛·莱恩（Jorma Laine）等芬兰珠宝设计师的带领下，开始使用黄铜制作珠宝。黄铜是黄金的替代品，它价格便宜、容易铸型，给人以朴素之感。提诺和彭蒂·萨尔帕内瓦将黄铜与紫水晶、蔷薇石英或茶水晶相结合来制作珠宝。

绿松石

在1970年代早期，墨西哥和亚利桑那州的银饰和绿松石珠宝尤其受到人们欢迎。由于这一珠宝与受压迫的文化有关联，它能引起越战一代的共鸣。这张摄于1974年的照片中的人物为雪儿，她有部分切罗基族血统，经常佩戴印第安珠宝登上杂志。

1980年代：
权力与荣耀

　　20世纪70年代末的时装试验一直延续到80年代初。薇薇恩·韦斯特伍德与让·保罗·高缇耶（Jean-Paul Gaultier）和弗兰科·莫斯基诺（Franco Moschino）等设计师玩起了性别游戏，并借鉴了众多历史资料。莫斯基诺在这方面尤其突出，他重拾夏帕瑞丽的超现实主义风格设计，例如设计出以塑料煎蛋装饰裙摆的绗缝黑色牛仔迷你裙、瓶盖装饰的夹克、安全别针制成的紧身上衣以及插座制成的耳环。

　　对人造珠宝的热爱之情重新点燃了人们对旧日珠宝的兴趣，古董珠宝变得越发有收藏价值。海蒂·卡内基、约瑟夫和侯贝等昔日设计大师的原创小饰品、手镯和串珠开始升值。1991年，首届完全用于展示人造珠宝的展览"奇幻主播：20世纪的时尚珠宝"在米兰的斯卡拉博物馆开展，公众对古董珠宝的兴趣达到了巅峰。拉力克（René Lalique）、夏帕瑞丽、哈斯基、翠法丽和迪奥等大师的珠宝首饰让参观者们看得目瞪口呆，这次巡展为非贵重珠宝正了名，使其跻身为一种举世公认的艺术形式。美国设计师罗伯特·索瑞尔（Robert Sorrell）效仿了三、四十年代好莱坞珠宝设计大师的手法，用炫目的奥地利水晶手工制作了大型珠宝，作品旋即被蒂埃里·穆勒（Thierry Mugler）用于盛大的T台走秀中。

莫斯奇诺（Moschino）与后现代主义

随着工资持续上涨，贷款变得轻而易举，设计师品牌也成为职场的身份地位象征。莫斯奇诺用带十字架的三行珍珠等视觉幽默揶揄了这些炫富型的时尚消费者，由此设计了巨头早餐会首饰以及劳力士手表制成的一条项链。他的玩笑开得如此成功，以至于整个1980年代的时尚"受害者"们一直在各种服装上沿用讽刺的标语，例如在羊绒外套后背上用金线绣上"昂贵夹克"，在斗牛士式服装背面写上"公牛时尚"等字眼。这种T台服装的用意就是为了让穿着者感觉到自己花了大价钱被品牌服装愚弄，但讽刺的是，这种服装本身获得了相当大的知名度，导致无数时尚达人蜂拥购买。挑衅传统的莫斯奇诺注定成为T台上最时髦的一位。

1980年代，莫斯奇诺运用时尚语言来评价自己，设计出一种双向的理论对话，被称为后现代主义。这种在20世纪70年代末的建筑学中彰显雏形的美学成为80年代主导全球的风尚，通过号召人们回归历史形式，宣告了垂死挣扎的现代主义寿终正寝。通过重新探索历史，人们开启慧黠、无礼的主题对话，而非采取考古学家的视角。装饰性细节重磅回归，而70年代相当严肃的极简主义被疯狂的浮华淹没，绚烂的金色洛可可垂挂物与丘比特、镶饰珠宝的蝴蝶结、威尼斯面具和俗气的原色有机玻璃组成了大杂烩。

第174页图： 显示地位的珠宝在1980年代卷土重来，夸张设计成为重要美学。图中的模特戴着美国戴科（Stephen Dweck）于1985年设计的首饰。该设计师以使用大颗粒宝石著称，例如巴西碧玺、澳大利亚蛋白石和南海珍珠，并打造孤本作品，也称OAK（每款仅一件）。

右图： 在其处女作主流影片《神秘约会》（1985年）中，麦当娜戴着玛莉索（Maripol）设计的橡胶手镯和多股项链。玛莉索还为麦当娜《宛如处女》专辑封面担任造型设计，专辑封面的摄影师是史蒂文·梅塞（Steven Meisel）。

汤姆·宾斯（Tom Binns）与薇薇恩·韦斯特伍德

薇薇恩·韦斯特伍德是位出类拔萃的后现代主义设计师，涉猎广泛，从18世纪海盗文化、秘鲁民俗到纽约新兴嘻哈文化，无不成为其灵感来源。她联手珠宝设计师汤姆·宾斯打造T台秀。1981年，汤姆毕业于珠宝设计专业，就此开启我行我素的职业生涯。20世纪初无政府主义的对抗性和达达艺术运动运用拾得物品制作雕塑，从此改变了美术的语汇。受此影响，宾斯收集了海边玻璃碎片、弯曲的叉子和贝壳，将其与再造的复古人造首饰相结合，创作出具有硬朗朋克风的作品。宾斯之手可以变废为宝。他设计的巨大项链层叠着各种小饰品，与厚重的铆钉银手镯和哥特骷髅耳钉一起被戏称为"沉没珍宝"外观，是1981年韦斯特伍德"海盗"时装系列的完美配搭。同年，宾斯自己的首个珠宝系列也诞生了，该系列完全采用橡胶制

成，这一材质在朋克造型和玛莉索于1978年为意大利品牌芙蓉天使设计的首个珠宝系列中比较多见。时间回到4年前，在电影《神秘约会》（1985）中，麦当娜整个手臂缀满玛莉索设计的橡胶手镯、多股珍珠、人造钻石项链和无所不在的十字架。

1987年，宾斯展示了红铜珠宝，有的像手一样围绕着手臂，有的是似乎抓住胸部的奇异胸针。2009年，他用"醒目首饰"来描述大型银质短项链，并用荧光色涂鸦点缀水晶短项链。2010年推出的"Get Real"系列由戒指、耳环和项链构成，这些首饰采用层压塑料材质，用安全别针扣合。同年，宾斯与电影导演蒂姆·伯顿（Tim Burton）合作，为电影《爱丽丝梦游仙境》设计了巨型挂饰项链和心形耳环，并这样说道："首饰是永恒的珍宝，就算不是黄金和钻石制成，仍然寄托了人们的感情色彩。"

下图： 1980年代初，朋克的冲击力从街头转战高级时装，设计师们纷纷开始将粗犷的部落风和恋物癖元素融入作品中。在这幅1983年拍摄的图中，模特身着诺玛·卡玛丽（Norma Kamali）设计的黑色蕾丝礼服，搭配莉塔·布鲁克斯（Pauletta Brooks）设计的黑色羽毛耳环和Joel Powell Designs公司的雪莉·米尔斯（Sherry Mills）设计的黑色橡胶手镯。

权力珠宝

　　铁娘子撒切尔夫人成为英国首位女首相的事实，对政治和性别运动都有着重要意义。她将权力、控制和女权更堂而皇之地提上文化议事日程，激起了对新的管理层女性的广泛争议，包括她的穿着打扮。说到造型指南，最成功的莫过于时尚顾问约翰·莫雷（John T.Molloy）撰写的《女人：穿成赢家》，激动人心的标题似乎吹响了战争的号角。莫雷认为职场权力女性需要一套新的穿衣打扮规则，建议女性尝试海军蓝和灰色等微妙的中性色西装面料，打造朴素而端庄的造型。女性必须以波澜不惊的方式顺利融入男性主导的环境中，而且莫雷认为，从任何尝试角度看，职场权力女性都应拒绝一切过于花哨和女性化的服饰。他对职场上的珠宝佩戴颇有见地，曾说"任何商界女性都可佩戴的最有用珠宝就是婚戒。婚戒代你昭告全世界，你只是来谈生意的，其余免谈。"（见下文莫雷为商界女性提出的更多建议）

　　莫雷的"穿成赢家"理论在全球各地引发了共鸣，由此诞生新的名词"权威穿着"。在1980年代初，利落白衬衫搭配带垫肩的黑色或海军蓝西装成为时尚，但进入1980年代中后期，这一造型被逐渐颠覆。短裙更短，高跟鞋鞋跟更高，而艳丽浮华、性感魅惑的珠宝首饰则堆砌在手腕和颈部。1980年代的时尚偶像戴安娜·弗里兰（Diana Vreeland）曾评论说："一切都体现着权力和金钱的主题，并宣扬两者应同时运用。我们没必要顾忌势利和奢华。"这种"贪婪是好事"的哲学在范思哲和宝格丽的钱币珠宝中一览无余。罗马人发明的钱币在19世纪被卡斯特里尼复兴。宝格丽将现代和古代钱币同时放入金质镶架，并悬挂在厚重金项链上。在商业区大街上，沙弗林金币和金元宝的人气空前高涨。消费被认为是文化和经济活动，与以往年代不同的是，消费者们无需低调，尽情炫富时代已经来临。

　　上图：巴特勒 & 威尔森的珠宝敏捷地回应了1980年代的奢华与魅力风尚。仿金在这个时期风靡一时，超大的短项链和晃晃荡荡的耳环（即权力珠宝）成为日常配饰。

约翰·莫雷的"穿出成功"理论

·与其一年购买四到五款廉价珠宝，不如买一款好的珠宝。

·如果您有贵重首饰，不要在第一次见面时就戴着。震慑对手要慢慢来，重要兵器要悠着点用。

·戒指不能太凸出，应当贴合手指。

·应避免任何叮叮当当地发出刺耳响声的首饰。

·晃晃荡荡的耳环已经过时了。

左图：1980年代，意大利知名珠宝品牌宝格丽从特殊场合珠宝业务转移到日常配饰。简单的模块化设计可以使首饰以任何方式组合，包括图中1982年出品的耳环。

上图：1981年的一组时装照片体现了这个年代"贪婪是好事"的论调。图为名模露丝玛丽·马克歌塔（Rosemary McGrotha）在比亚里茨du Palais宾馆内身穿费尔南多·桑切斯（Fernando Sanchez）设计的白色长衬衫，配戴海瑞·温斯顿（Harry Winston）公司出品的钻饰，斜靠在装满纸币的公文包旁边。

公然造假

1980年代，全球通用的信用卡推动了阶级界限的消融，全新"生活方式"品牌推广精准迎合了有志之士。《达拉斯》《豪门恩怨》等冗长的电视剧取代了旧时代的电影，受此影响，有些咄咄逼人的激进审美进入时尚界。琼·歌莲丝（Joan Collins）扮演的亚历克西斯·科尔比（Alexis Colby）是名假正经的荡妇，在两性战争中以花哨造型作为利器。在她的手中，魅力首饰找到了原始动力，将平常的女性气质提升为致幻魅惑，她的打扮证明，只要正确搭配发型、妆容、权力套装和巨型首饰，任何美女都能做到颠倒众生。自然美不再是人们的偏好。

珠宝首饰是释放这一超自然力量的钥匙，越是仿真，越是夸张，效果越好。法国女装品牌凭借化妆品、手袋和珠宝首饰等副产品享誉全球，并迅速跻身高端品牌行列。城市交易员或许买不起香奈儿套装，但可以选择用带品牌标识的耳环搭配新的短发发型，或者使用带有神奇双C标志的粗腰链。最引人注目的是，经济独立的女性自己买花自己戴，再也不用等待生命中的男人。吊坠已经过时，与职场格格不入，而紧贴颈部的项链正流行，三股短项链重磅回归，但这次堂而皇之地选用人造材质，人造珍珠几乎跟鸟蛋一样大。

上图和左图：1983年，卡尔·拉格斐尔德接管了香奈儿，根据时代潮流重塑了这一时尚品牌。通过为其注入青春活力，巧妙运用"C"字和山茶花等传统符号而拓宽了客户基础。这套香奈儿胸针、项链与吊坠耳环采用白色镀金金属材质，用标志性绗缝细节展现了毫不妥协的大胆风格，巧妙借鉴了香奈儿经典2.55黑色羊羔皮包袋。

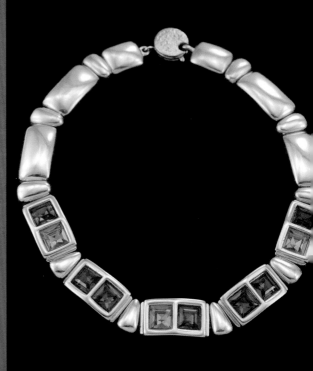

左图：卡尔·拉格菲尔德为香奈儿品牌设计的全套服饰。黑色无袖晚宴裙搭配山羊皮长手套，腰部和手腕装饰错视效果的链条，耳朵上戴金质耳环，颈部佩戴金质长项链。

上图：伊夫·圣·洛朗等其他女装品牌也纷纷仿效香奈儿的俗丽设计，生产了外观如假货般的人造珠宝。这款人造短项链由粗大的链环组成，镶有公主方形琢面的大颗莱茵石，包括祖母绿、紫水晶、黄晶，并采用弹簧扣扣合固定。

伊夫·圣·洛朗在其各类系列设计中都采用了超大宝石琢型玻璃人造珠宝，并以袖口链闻名于世。袖口链在左右手腕各有一条，手工镶嵌的施华洛世奇水晶闪耀着伊夫·圣·洛朗最爱的红色、绿色、浅莲红色和柿色。精美珠宝还追随了不寻常的色彩搭配潮流，绿宝石与橙黄色石榴石并排，而红宝石的深红色则与紫水晶的浓烈紫色相映成趣。1979年，当人们在西澳大利亚发现一座粉红钻石矿藏后，粉红钻石走进了千家万户。1983年，卡尔·拉格菲尔德接任了香奈儿设计总监一职，在T台设计中优先以香奈儿标志作为主要特色，完美演绎了品牌的全新美学。香奈儿的珠宝醒目而华丽，金色交叉字母C出现在耳环、幸运手链中，也装点在绳链和珍珠项链。Gripoix的红色和绿色玻璃被镶入镀金马耳他十字架和流苏项链中。所有法国大品牌群起仿效，例如纪梵希推出了叮当作响的幸运手链、人造珍珠商标耳环和嘻哈项链等。而1980年，帕洛玛·毕加索也开始为纪梵希设计色彩绚丽、造型醒目的涂鸦风格珠宝。最出人意料的是，这种歇斯底里的巴洛克风格居然成为日间和晚会上都完全协调的时尚，一时引得无数女子纷纷脚踩高跟鞋，身穿橙绿色或淡黄色权力西装，梳着鸡窝头发型走上街头，身上的珠宝首饰多得几乎可以让战舰沉没。

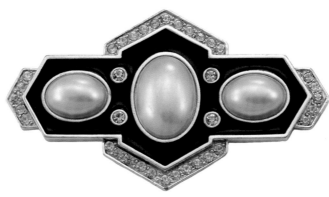

上图：1985年伊夫·圣·洛朗为T台秀时装设计的首饰。当时金饰流行潮正值高峰。

最左边：上为伊夫·圣·洛朗镀金耳夹通过拉丝仿古加工将抽象艺术与大自然融为一体，下为伊夫·圣·洛朗设计的镀金施华洛世奇水晶耳环，令人想起1950年代的朱莉安娜古董珠宝。

左图：伊夫·圣·洛朗于1980年代设计的两款别针，复兴了1920年代的黑白配。

上图右：罗伯特·索瑞尔设计的粉红、红色和深紫色水晶夹子手镯，体现了设计师对1940年代和1950年代人造珠宝的热爱和怀念。

右图：一对蛋白石水晶灯耳夹，展现了罗伯特·索瑞尔令人叫绝的手艺和色彩把握。他的所有作品均采用施华洛世奇水晶手工制成。

上图：索瑞尔设计的一款装饰艺术风胸针。1980年代，装饰艺术风迎来大规模复兴，据说索瑞尔是在研究大型拍卖行的图册时获得的灵感。

右图：索瑞尔的一款马赛克蝴蝶结胸针，风格非常接近拉里·伯德（Larry Vrba）在这时期的作品。

巴特勒 & 威尔森

　　英国古董商尼克·巴特勒（Nicky Butler）与西蒙·威尔森（Simon Wilson）专营新艺术运动和装饰艺术运动时代的珠宝，并于1968年、1969年和1970年分别在伦敦的知名古董市场波托贝洛市集、切尔西古董市场和Antiquarius市场摆摊。复古风首次尝试进入时尚领域，而新一代的年轻时尚达人们运用古董的小饰品打造真正的个性。往昔新艺术运动风格开始复苏，巴特勒 & 威尔森的作品中同时出现了蜻蜓和蝉的形象。时尚编辑也开始在时尚照片中使用古董珠宝，例如《新星》（Nova）杂志主编卡罗琳·贝克（Caroline Baker）和《服饰与美容》杂志主编格蕾丝·柯丁顿（Grace Coddington）。随着原创珠宝变得炙手可热，这两位古董商意识到复古风人造珠宝会有很大市场，就像1960年代的Biba品牌通过模仿战前时装而取得成功。1972年，巴特勒 & 威尔森在富勒姆路开设了专卖店，设计令人惊艳的装饰风珠宝系列，将20年代风情与当代波普艺术灵感融为一体。"满脸愁容的皮埃罗"装饰艺术画，采用黑白人造钻石或涂色陶瓷重新演绎，这一图案有时挂在银色新月上，有时变身为长项链。超现实主义的握手胸针与镶莱茵石的泰迪熊或闪闪发光蜘蛛网并排，夸张的魅力与这一时尚风格完美相融。

　　巴特勒 & 威尔森以具象人造钻饰著称，其1980年代的作品中不乏各种尺寸和形状的动植物、花草和昆虫等设计。而随着菲·唐纳薇（Faye Dunaway）、瑞莉·霍尔（Jerry Hall），崔姬与凯撒琳·丹尼芙（Catherine Deneuve）等明星佩戴着巴特勒 & 威尔森作品出现在当代摄影师大卫·贝利（David Bailey）的镜头中，这种设计风格立即掀起一阵狂潮。1982年，尼克·巴特勒出游墨西哥之后，巴特勒 & 威尔森重拾70年代曾风靡一时的纳瓦霍式设计，硕大的银饰和绿松石首饰逐渐走进商场。随着品牌声名鹊起，其首饰日益奢华，有些甚至看起来颇具威胁，例如似乎准备从外套翻领上腾空跃起的巨大捕食性蜘蛛胸针，还有身穿黑色紧身衣的蛇蝎美人颈间或腕部的蜿蜒蟒蛇。1986年，巴特勒 & 威尔森的知名度达到巅峰状态，戴安娜王妃在加拿大温哥华出席一场音乐会时身穿镶有大片人造钻石的黑色无尾夜礼服搭配蟒蛇形黑色水晶玻璃胸针，证明该品牌出众的人造珠宝设计得到社会各阶层女性的欢迎。香奈儿的精神再度回归。

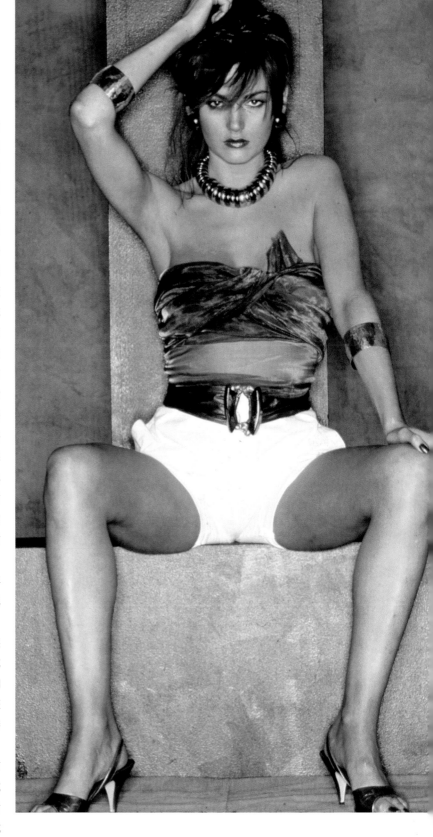

上图： 巴特勒 & 威尔森的夸张珠宝设计是1980年代浮华的典型代表，取得了难以置信的成就。图中模特佩戴着两位设计师于1980年设计的红铜和黄铜混合制成的配饰。

艾瑞克森·比蒙（Erickson Beamon）

底特律出生的卡伦·艾瑞克森（Karen Erickson）与薇奇·比蒙（Vicki Beaman）移居纽约后，于1983年创建了自己的公司，开始生产手工制作的精美水晶串珠项链，如今其水晶串珠项链已经成为招牌产品，仍然依靠一班能工巧匠手工制作。这两位设计师携手约翰·加利亚诺和扎克·珀森（ZAc Posen）等T台设计师为这两大品牌各时装系列的主题设计人造珠宝，例如安娜苏时装秀上的水晶恶魔角。艾瑞克森表示："关键是理清设计师的意图。他们通常不会有很明确的创意，我们必须深入他们的思想，将其设想的东西实物化。与设计师和造型师共事的技巧就是保持自己的独立完整，不要人云亦云。"

全新黑色

颓废而性感，神秘而叛逆的黑色主宰了这一年代的时装、室内设计和珠宝。1980年代初，一群日本实验设计师意图颠覆时尚的面目，他们的设计引起了巴黎秀场的巨大轰动，从此让黑色进入时尚界。山本耀司和川久保玲的模特在T台上穿得好像核武器大屠杀幸存者，卷皱的裹身布料呈现清一色的黑色和不对称的抽象设计。川久保玲自称采用"三种色调的黑色"，而山本耀司则运用这一非彩色色调探索了新的穿衣方法，将西方服装样板融入日本传统服饰品。1980年代中期，黑色再度成为精致金饰的背景，但同时也充当底色，衬托鲜粉红色、橙绿色或翠鸟蓝这些较为强烈的色彩。蒂芙尼的帕洛玛·毕加索和玛瑞娜·B（Marina B）等女设计师深谙这一趋势对全球独立而成功的女商人之诱惑，因为她们在工作场合经常穿黑色制服或醒目的权力套装，在休闲场合则偏爱小黑裙。

玛瑞娜·B

玛瑞娜·B（1930—）是康斯坦丁诺·宝格丽（Constantino）之女、索里奥·宝格丽（Sotiro Bulgari）的孙女，血液中流淌着珠宝设计的基因。1979年，她脱离宝格丽并在日内瓦开设了自己的专卖店，开始设计同名珠宝玛瑞娜·B。1980年，她注册了一种新的钻石琢型，融三角形、心形和水滴形为一体，给时尚摇滚造型增添了新活力。玛瑞娜·B性感而活泼的设计吸引了富裕而独立的女性客户注意，她的设计通过用黑底色映衬色彩鲜艳的宝石，营造出戏剧感。随着女性对服装的适应性和多用性有更高期待，尤其在日间到夜晚的场合，玛瑞娜·B进一步针对这两个场合加以改进。职业女性很少有时间在晚宴之前赶回家换一套行头，从而让自己从灰姑娘变身优雅天鹅。而通过搭配合适的首饰，这一变身可迅速完成，因此玛瑞娜·B设计的可通用首饰可谓恰到好处。她于1980年出品的Pneu耳环上，水滴形珠宝可以取下并换成别的款式，以搭配服装造型。可通用的宝石当然也分不同价位，最为昂贵的可专用于晚宴场合。这一设计成功地启发了其他创新设计，例如胸针和配套耳环采用双面宝石，正面适合日常使用，反面铺镶钻石则在夜晚焕发璀璨光芒。

左页图： 帕洛玛·毕加索，西班牙画家巴勃罗·毕加索之女，是成名于1980年代的知名珠宝设计师，以大胆而精美的作品著称。

上图： 帕洛玛·毕加索于1980年代设计的一系列作品，其采用了那一年代最受欢迎的色彩：白色、黑色和金色。

左图： 图中女子展现了1980年代时装杂志典型的艳丽奢华造型。伊夫·圣·洛朗用大型珠宝装饰白色貂皮大衣。

新珠宝

得益于1970年代的美学发展，英国、荷兰和德国珠宝师的设计工作室继续尝试珠宝与人体的融合。后现代主义对先锋派珠宝产生了深远影响，这种影响远不止从理论上介入"艺术与工艺"的辩论。后现代主义认为，任何文化加工品的价值都不一定会与文化分量成正比，媚俗作品同样也会具有文化内涵，而波西米亚的怫怓作态不能减轻美术作品承受的市场压力，同样难以摆脱资本主义时尚哈巴狗的命运。后现代主义对边界和品味的追问引发了人们对珠宝的批判性评价。不论是时装、工艺品还是雕塑，如果不存在任何价值体系，或者不存在完全民主的价值体系，它们的分量就没有差别。后现代主义思想家米歇尔·福柯（Michel Foucault）也曾加入这场辩论，写道："当我们经过深思熟虑确定一项分类时，如果我们认为猫与狗之间的相似性小于同为格雷伊猎犬的两只狗之间的相似性……那么我们有什么根据能完全肯定地确定这种分类的正当性？基于什么样的身份、比喻、类比的坐标，我们才能得心应手分辨出相似和不同的事物？"

新珠宝运动得名于彼德·多摩尔（Peter Dormer）和拉夫尔·特纳（Ralph Turner）合著的《新珠宝：潮流趋势与传统》，这本划时代著作出版于1985年。特纳有着数十年珠宝策展经验，1980年代担任伦敦珠宝协会展览活动负责人。这一运动的前提是对珠宝设计的基本要素展开辩论，为此苏珊娜·埃隆（Susanna Heron）、乔夫·罗伯斯（Geoff Roberts）和瑞士珠宝商皮埃尔·德甘（Pierre Degan）及奥拓·昆斯利（Otto Künzli）挑衅意味十足地把玩了珠宝设计的传统语汇。昆斯利于1980年设计的图钉别针和1982年设计的墙纸胸针让很多人摇头表示难以置信。新珠宝设计师们还同时进入了行为艺术领域，例如在布里斯托的阿尔诺菲尼艺术中心，汤姆·撒丁顿（Tom Saddington）将自己焊在一个巨大不锈钢罐头中，这个罐头用一个巨大的开瓶器打开后，这位设计师便可"深入理解进入珠宝内部来佩戴珠宝的概念"。卡洛琳·布罗德黑德（Caroline Broadhead）的胸针和手链采用胶合板、棉线、绳子和染色尼龙丝线制成，这些都是工业设计和纺织品所使用的材料，在珠宝中并不多见，1983年，她设计了一个尼龙丝线衣袖，从颈部延续到腰部。阿姆斯特丹首饰画廊Galerie Ra是新珠宝的重要集中点，总监保罗·德雷斯（Paul Derrez）采用白银支撑戏剧化雕塑作品，例如1982年的褶裥短项链和1985年的鹅卵石项链。

最上图： 作为对颓废风的回应，先锋派珠宝设计师设计了具有文化分量的作品。奥拓·昆斯利就采用最平常的文化物品设计珠宝，例如1980年设计的这款图钉别针。

上图： 卡洛琳·布罗德黑德有意采用非贵重金属材质制成毫不妥协的现代首饰，例如这款名为"22合1"的臂饰（1984年），采用棉、尼龙和细线制成。

左图： 洛琳·布罗德黑德戴着自己设计的白银尼龙丝线项链和细线绒毛耳环。

下图： 奥拓·昆斯利1982年设计的墙纸胸针，其采用墙纸、聚苯乙烯等材料制成。

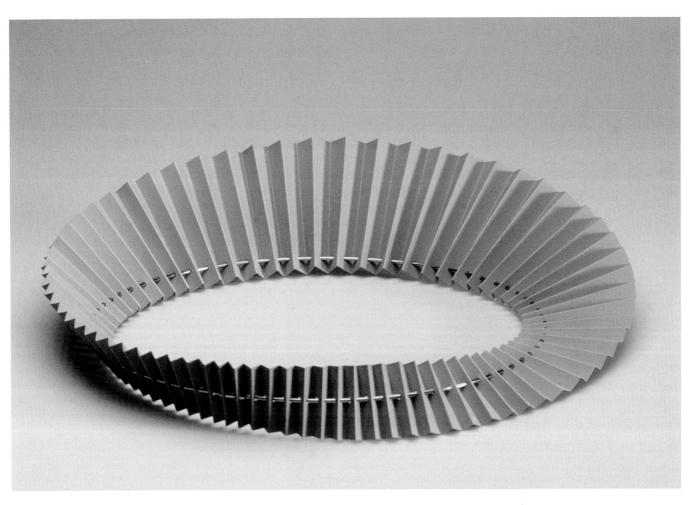

上图：保罗·德雷斯1982年设计的褶裥短项链，采用塑料和钢制成。作为阿姆斯特丹Galerie Ra的总监，他是当代珠宝重要的推动力量。

左图：保罗·德雷斯于1985年设计的软木塞制成的鹅卵石项链，给人一种好像采用海滩鹅卵石制成的错觉，实际是轻盈的软木塞材质。他的作品与大规模生产形成对照。

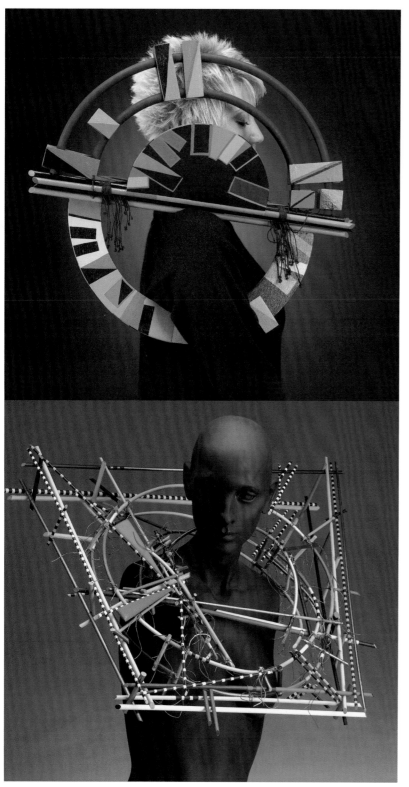

马约莉·西科（Marjorie Schick）

马约莉·西科（1941—）由单身母亲带大，母亲是一名美术老师。马约莉后来进入印第安纳大学，师从金工设计的先锋人物阿尔玛·艾克曼（Alma Eikerman）。受到抽象表现主义雕塑家大卫·史密斯（David Smith）大型金属雕塑品的启发，马约莉开始制作介于珠宝和雕塑之间的人体首饰，打造可穿戴的动态视觉艺术。1967年，她被聘为匹兹堡州立大学美术系教授，此后成为一名富有灵感的教育家，培养了一代又一代青年珠宝设计师。

马约莉·西科被称为最为激进的美国设计师之一，在她眼里，珠宝是一种立体的绘画，是可以佩戴的艺术品。她的巨型项链大得超过人体界限，让佩戴者像孔雀开屏一般展示自己。她曾说："我的作品离开人体可以充当一种完整的雕塑性宣言，而戴在人身上则构成一种共有的存在。令我感到好奇的是，人体可以携体积和外形巨大的物品，因此我经常制作庞大的作品，这使得它们被归于人体雕塑的范畴，而不是首饰。"

对马约莉来说，人体装饰了各种材质制成的各种庞大形状装饰之后，就变成一座活的雕塑。金属和颜料纸制成的胸针从肩膀一头延续到另一头，木材和纸制成的典礼短项链色彩明艳，引发佩戴者重新思索如何在周围环境中移动。马约莉谈到要改变我们对佩戴珠宝的看法，谈到要更多地站在客户和佩戴者的角度，考虑珠宝首饰在各种文化中与人互动关系。例如，婚戒被她称为"三十年"首饰，这款日常佩戴的首饰在例如洗洗涮涮和开车等日常琐碎事务中必须具备实用性，而随着时间推移，它与佩戴者的身体便完美统一，不分你我。"三小时"首饰含有较昂贵的材料，也许是用于在派对上吸引爱慕者，回家后就摘下好好收藏起来。而"三秒钟"首饰非常具有纪念价值，有些首饰分量不轻，即便戴一会儿也会让人印象深刻。甚至连进门出门等简单活动都需要重新协商，珠宝首饰控制了人体，成为个人装饰品中最具可支配性的部分。

上图：《普福尔茨海姆：折叠式短项链2号》，这幅采用漆木、橡胶和软木塞打造的作品由马约莉·西科设计于1989年。

上图：《并非正方形：项链》（1986），由马约莉·西科设计，采用漆木、芦苇和线制成。她的首饰延长了人体的边界，与周围空间展开了互动。

左图：颈部的《彩色棒平面，雕塑》。这个由漆木组成的雕塑展现了作者马约莉·西科在1980年代的试验，打破珠宝与美术之间的界限。

上图：模特瓦娜奇（Wanakee）戴着雕塑家兼珠宝设计师罗伯特·李·莫里斯（Robert Lee Morris）设计的耳环。靠在沙发上的她身着奥斯卡·德·拉·伦塔（Oscar de la Renta）设计的亮片毛衣和白色查米尤斯绸缎长裤，手上戴着玛德琳·凡·艾瑞德（Madeleine van Eerde）为鲍里斯设计的金戒指。

金光灿灿

1980年代的奢华服饰及珠宝都呈现醒目、浮华而炫目的特点。炫富的风气体现在真假宝石必须大到足够成为优雅黑色礼服上的瞩目焦点。

十字架

玛莉索设计的以玫瑰为灵感的首饰，1980年代经麦当娜佩戴后风靡一时，成为这一年代典型风貌之一，克里斯汀·拉克鲁瓦等时装屋纷纷开始生产。克里斯汀·拉克鲁瓦设计的变化款采用包金材质，成为高街畅销品。

主要风格与样式

1980 年代

荧光

荧光色成为俗气金色的对照，受到了后朋克风和1980年代嘻哈风橙绿色的影响，荧光最初出现在纽约画家凯斯·哈林（Keith Haring）和市区的涂鸦作品中，后来影响了珠宝设计。图为1985年史蒂文·罗森（Steven Rosen）设计的短项链。

手链与手镯

1970年代的纤细金属手镯设计红极一时，到了80年代，手链式手镯重磅回归。厚重的金属手镯模仿了人体铠甲，点缀着巨大人造宝石，搭配"权威穿着"，反映当时女性进入职场管理层与男性谋求平等的时代背景。

绳子与链条

1980年代出品的夸张甚至是恋物癖似的首饰设计明显受到朋克风的影响。麦当娜等明星佩戴的多股绳子和链条设计，成为商业街上的热门商品。

硬币珠宝

通过披金戴银来炫富的风气从钱币珠宝的复兴中可见一二。这种珠宝是最古老的装饰品之一。从宝格丽到香奈儿，都为商业街的客户设计了钱币珠宝。图中这款10开的镀金香奈儿四方簇形耳环就是这一时代的典型设计。

几何图形

装饰艺术的几何图形经过复兴和夸张设计，呈现更具舞台效果的大尺寸。1920年代的苏珊·贝尔佩龙（Suzanne Belperron）和雷蒙·唐普利耶（Raymond Templier）等开创的这一优雅美学如今被巨大的抽象镶宝石设计取代，例如伊夫·圣·洛朗的项链和耳环。

品牌标识

1980年代的炫富风气引发了真正的标识控。拉格菲尔德就是这方面的成功代表，他将香奈儿品牌从端庄的主妇品牌成功转型为时尚青春品牌，注入了活泼的生活乐趣，耳环、手链和吊坠无不出现双C品牌标志的身影。

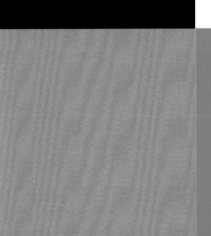

1990年代至今：
未来的收藏品

如果说20世纪80年代的风格可用华丽二字定义，那90年代初的风格则是些许的沉默和克制。设计师们对所谓的"新时代"作出了自己的回应，之所以称之为"新时代"，是因为在过去十年中经历了购物的狂热后，人们的几近消磨殆尽的灵魂再度觉醒。越来越多的人逐渐意识到地球的脆弱，另一些人越来越注意隐藏自己的消费，因为在全球经济衰退的背景下，招摇地展示财富变得俗不可耐。在这个强调转变观念的新时代，过度华丽的服饰成为人们厌恶的对象。极简主义审美观渐渐进入设计界，对现代主义的追求，显得消费者既时髦又有环保意识。这一潮流出现在普拉达（Prada）和吉尔·桑达（Jil Sander）简约朴素的设计中，珠宝商罗伯特·李·莫里斯（Robert Lee Morris）的作品持续受到人们的欢迎也印证了这一点。

放弃华丽的衣着没能维持多久。到了21世纪，时尚界开始抛弃1990年代荒芜的极简主义，转而青睐奢华、颓废的装饰品。先锋设计师约翰·加里亚诺（John Galliano）和亚历山大·麦昆（Alexander McQueen）让模特兼备迷人的诱惑力和咄咄逼人的气势。进入千禧年后，带有致命诱惑力的模特迈着猫步，行走在极富戏剧舞台效果和未来末世效果的秀场中，将我们带入极繁主义的时代。随着立方氧化锆的兴起，主流珠宝设计中也能见到类似的颓废与浮华。立方氧化锆是氧化锆的结晶体，经过人工合成，其硬度很高，无瑕疵和杂质。它可以和钻石一般透明，也能模仿彩色宝石。廉价的人造钻石非常适合20世纪早期的极繁主义，特别是配以"Diamonique"这一华丽商标。

珠宝主题

古董珠宝价格一直保持在较高位置，这令人欣慰，但也出现保守倾向。手链更加纤细，宝石不再那么显眼，装饰图案偏向自然主题，蝴蝶、蜻蜓、海洋生物图案随处可见。1991年，宝格丽推出自己的"新时代"系列设计——自然世界（Naturalia）系列。与此同时，宝格丽开始支持世界自然基金会的生物多样性运动，将珊瑚和珍珠运用于饰品设计图案和原材料中，以体现动植物的主题。金戒指呈现鱼咬自己尾巴的形状，鱼眼用红宝石点缀。其中一件镶嵌宝石的自然世界系列首饰，将红珊瑚、玉髓、紫水晶、黄水晶、粉色和绿色碧玺，通过密钉镶手法全部镶嵌于18K金上，组成菱形、V形等8个镶嵌着宝石的表面。日本设计师馨·凯·秋原（Kaoru Kay Akihara）为自己设计的珠宝署名吉美（Gimel），她同样从濒临毁灭的自然界中获得灵感，其设计的一件密钉镶戒指形如荷花，表面镶嵌粉钻和绿榴石，其内部还隐藏了一只微小的蓝宝石蜗牛，这只隐藏的蜗牛只有佩戴者自己能看到。吉美独具匠心地使用小宝石密钉镶手法，这也逐渐成为2000年后高端珠宝的主要特点。这种工艺能够呈现色彩的微妙变化，在技术精湛的珠宝工匠手中，能够将宝石的色调投射在整件首饰之中。

人们对多元文化主义的注意和反应主要体现在两个方面。一是广泛使用地方性的图案，二是移植使用非西方文化的原材料，最典型的例子就是仿象牙材质的大量运用。大型手工银质西藏风格珠宝首饰，如镶绿松石祈祷盒吊坠，逐渐进入伦敦利伯提和纽约布鲁明戴尔等世界知名珠宝卖场。当代设计师们也在T台走秀时模仿这种风格。这种珠宝适合上流社会的嬉皮士，她们极富艺术气息并有精神自觉，住在诺丁山亦或格林威治村。对于喜欢民族特色且极其富有的人，昂贵的民族珠宝成为他们穿衣打扮必不可少的一部分，这种潮流在20世纪70年代早期也出现过。

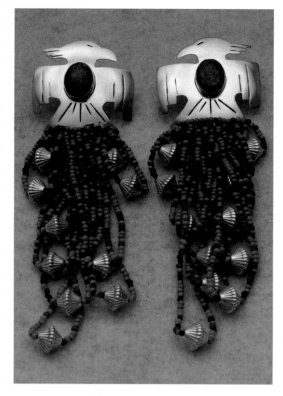

右上图：对环境的担忧使得自然元素和民族主题再度兴起。这对银耳环的外形是美洲本土的象征——雷鸟，耳环中间镶有绿松石，并配以珠串。其设计者伊丽莎白·塔里曼（Elizabeth Taliman）是纳瓦霍族（Navajo）和柯契地族（Cochiti）后裔。

右图：蒂埃里·穆勒（Thierry Mugler）的超级英雄和冷艳美人组合令人赞叹，但在1999年春夏时装周上，他转而使用了一组受到部落启发的设计，设计中用到人体彩绘、面具和巨大的雕塑型耳环，配以极简主义的朴素服装。

第194页图：在2003年，施华洛世奇委托尖端珠宝设计师团队创造了一套系列饰品，展示在天桥首饰系列T台展览中，令人叹为观止。2004年，肖恩·利尼（Shaun Leane）使用他标志性的荆棘图案，探索身体改造和饰品接合方式。

右图：弗朗西斯·莫顿
（Francis Merten）的身
体珠宝和耳环，专门为
2008年的施华洛世奇天桥
首饰系列所设计。莫顿的
总部位于比利时安特卫
普，他在制作首饰时使用
计算机辅助设计，同时运
用高科技、轻量化材料如钛
金属，作品呈现出庞大而精
密的自然主义设计。

"真正的"珠宝开始让人觉得有些过时，很大的原因是珠宝鉴赏和卖弄虚饰而不是时尚占了主流。然而，设计师玛丽·海伦·德·黛拉克（Marie-Hélène de Taillac）用现代的手法加工天然宝石，包括使用水滴型切割和切面泪珠，而这些形状以前只在钻石加工过程中出现。她的做法引发了珠宝界的革命。乔·亚瑟·罗森塔尔（Joel Arthur Rosenthal）是许多人心中最伟大的当代珠宝艺术家，他的标志性加工手法就是密钉镶，他一年只加工70件首饰，这是匠人精神宝贵品质的体现。詹姆斯·德·纪梵希（James de Givenchy）、奈哲尔·米尔恩（Nigel Milne）、凯特琳·普雷沃斯特（Catherine Prevost）和尼尔·莱恩（Neil Lane）也开始用现代的方式切割昂贵的宝石。

左起顺时针：尼尔·莱恩珠宝设计精选。莱恩于1989年在洛杉矶开始了自己的珠宝事业，之前他在巴黎波尔多国立美术学校学习了2年绘画。莱恩的作品展现了他对色彩的独到眼光，以及高端奢华的风格。图中分别是一对钻石铂金水晶灯耳环；一只铂金钻石戒指；一对镶有粗切割钻石的白金手环；一只有夸张褶皱边缘的手镯，"白上之白"的设计风格在2000年左右蔚然成风；一件密钉镶钻石袖口手镯，配以花朵图案。

右起顺时针：1999年，玛丽·海伦·德·黛拉克创立了总部设于巴黎的品牌。她因优雅的镶金设计而闻名，其设计还融入了色彩斑斓的半宝石。图中所示分别为一件22开金，形状不规则的金片项链，最初设计于1999年；一只椭圆碧玺吊坠，悬挂在手工制作的黄金项链之上，椭圆切工传统上运用于加工品质最好的钻石上，2001年德黛拉克将这种工艺用于半宝石的加工；2002年设计的彩虹项链；一千零一夜环形耳环，传统的环形耳环加入现代设计，并配以五颜六色的椭圆切工宝石。

猫步合作人

时装表演精于钻营夸张的戏剧性，这种趋势愈演愈烈。设计师们相互竞争，争夺更大的媒体报道版面，争取更多地销售时装业的副产品珠宝。时装的消费群体基本已经不复存在，珠宝已成为重要的收入来源。让时装秀吸引眼球的手段很多，例如内奥米·菲尔默（Naomi Filmer）为候塞因·卡拉扬（Hussein Chalayan）设计的黄金吸血鬼牙齿，给精彩的时装秀又增添了一丝魔力。

为时装表演设计的珠宝是当代珠宝设计最前卫的一种。在加里亚诺（Galliano）设计的1998—1999年秋冬系列中，这位设计师通过在"美丽的奥特洛"（La Belle Otero）照片上画上奢侈品的图案，尤其是画出她那声名狼藉的卡地亚钻石，将美好年代的颓废和当代文化联系起来。内奥米·菲尔默和肖恩·利尼尝试使用古老的材料，如骨头、人体毛发和体液，携手时尚设计师候塞因·卡拉扬和亚历山大·麦昆，融合珠宝、艺术和雕塑，延展、模糊、标识出人体的界限。这些作品并没有取得商业成功，此类艺术创作只能用在特定场合，正如有些艺术品专门针对特定的画廊或建筑空间而创作。

而有些设计师，如爱尔兰珠宝艺术家斯利姆·巴莱特（Slim Barrett），不仅引领并影响着商业珠宝设计，还将经过T台试验的创作理念引入商业设计，创造出自己的系列作品。巴莱特的精明之处在于，成长于爱尔兰的他，可以将现代珠宝设计加入爱尔兰传统文化元素，正如他的18开金饰费洛尼亚皇冠。他说："我从深厚的知识和文化中汲取灵感。"内奥米·菲尔默1969年出生于伦敦，曾在著名的皇家艺术学院学习金饰加工，后成为伦敦中央圣马丁艺术与设计学院高级研究员。她的作品无所畏惧地展现人体，在她的其中一个系列作品中，巨大的玻璃透镜捕捉并放大独立的身体部位，如躯干、手肘或背部，创造了出人意料的形态和阴影。

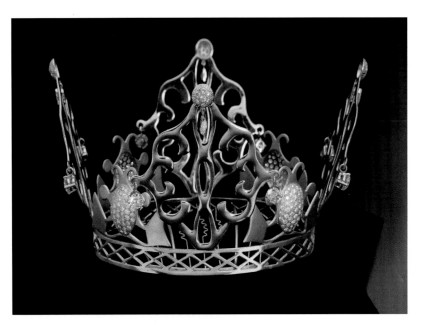

左页图：莱斯利·维克·瓦德尔（Lesley Vik Waddell）因其大型概念身体珠宝作品闻名。他的作品体现了塑身衣、颈托和面具对身体的束缚。

上图：爱尔兰珠宝艺术家斯利姆·巴莱特1983年移居伦敦，他在那里开始与时装秀合作，其合作对象包括香奈儿和加里亚诺。他最著名的作品是金镶钻皇冠，这件作品受到凯尔特文化启发。1999年维多利亚·亚当斯（Victoria Adams）在与足球明星大卫·贝克汉姆（David Beckham）的婚礼上佩戴的就是这件饰品。

中图：阿维塔纯银镀金项圈，来自巴莱特的新兴凯尔特作品集。

下图：一件华丽的哥特式身体饰品，由巴莱特为时装表演设计。

上图：珠宝艺术家内奥米·菲尔默关注人体最普通的部位，这些部位从未获得足够的装点。她曾与多位时装设计师合作，包括安妮·瓦莱丽·哈什（Anne Valerie Hash），2008年内奥米为她设计了这组兰花颈部饰品。哈什的服装主题为赞美兰花的诱惑之美，菲尔默的雕花金项链让她的设计锦上添花。

右图：2008年菲尔默为哈什设计的另一件俊美的黑色金属颈饰。

右页图：作品《手背上的球》，2001年内奥米·菲尔默为亚历山大·麦昆设计。菲尔默的雕塑型身体珠宝体现了麦昆对人体的约束和操控，这些珠宝作品反映并夸大了麦昆优雅的残酷。

肖恩・利尼（Shaun Leane）

肖恩・利尼的工作室位于伦敦，他的珠宝很好地配合了加里亚诺和麦昆时尚设计中的黑暗浪漫主题。利尼16岁时在伦敦哈顿公园接受了最为传统的金饰加工培训，他专门研究古董修复技术，后来创立了自己的工作室。1992年，经时装设计师亚历山大・麦昆劝说，利尼同意为麦昆的第二个时装秀"高原强暴"设计珠宝。他们俩的合作一直持续到2010年麦昆去世。随着麦昆的时装秀越做越大，利尼的珠宝设计也名声鹊起。没有了商业因素扼杀设计师的创意，利尼能任意地放飞自己的想象力。利尼的设计完美地捕捉了麦昆时尚美学中的死亡感，他的设计迎合了"死亡象征"这一理念。这种设计理念强调时尚的背后是死亡，即万物皆会消亡，艺术家达米恩・赫斯特也曾探索过这种理念。

针对麦昆1996—1997年的但丁时装秀，利尼为模特的手臂设计了一圈银刺，这些银刺也能用作面部饰品。1998—1999年春夏时装发布会，利尼给模特穿上一件铝制骨架紧身胸衣，银质的肋骨环绕着模特的胸腔，通过将人们的注意力吸引到肉体上，预示着生命的中心隐藏的死亡。麦昆迷恋爱情、痛苦和死亡，这些元素在利尼1999年的作品金属线圈紧身胸衣中得到夸张的演绎，这件作品耗时三个月才制作完成，每一个线圈都由人工按人体模型铸造。模特要穿上这件金属衣，需要把安装在紧身胸衣侧面的金属支架用螺丝固定。

利尼的哥特诱惑美学构成其作品的基础，他的作品享誉全球，其客户包括莎拉・杰西卡・帕克（Sarah Jessica Parker）和达芙妮・吉尼斯（Daphne Guinness）。他这样描述自己的作品："我融合了不同风格和文化的灵感，它们往往风格迥异，比如部落风格和装饰艺术，并结合维多利亚感情元素，我认为这样做的产物就是独特的现代主义。当初麦昆给了我展示自我的平台，在这里我无拘无束，尽情超越传统界限。在这里我找到了自己的风格，创造了我标志性的獠牙图案。简单的线条、图案，挑衅性地使用黑暗元素，这些特点贯穿我的作品中，最好的例证就是我的标志性作品'勾住我的心'，它融入了爱的概念。"

这种毋庸置疑的、现代而黑暗的浪漫风格体现在其"月亮"系列中，作品由雕塑感的部件组成，通过使用紫水晶和紫色蓝宝石并结合灰色月长石和钻石，来象征月亮的轮廓和朦胧的月光。利尼的"樱花怒放"系列、"缠绕"系列以及"夜莺"系列都被苏富比的拍卖会描述为"未来的古董"。

上图：模特斯特拉・坦南特（Stella Tennant）身着肖恩・利尼1999年设计的金属线圈紧身胸衣。这件胸衣使用人体模型手工铸造，展示于亚历山大・麦昆1999年秋冬时装发布会，这届发布会名为眺望。

左图：肖恩・利尼设计的一组白金月光戒指。这个戒指包括白金、月长石和密钉镶银钻，紫水晶和紫色蓝宝石镶嵌在白金上。这些雕塑般的饰品象征着月亮的轮廓和朦胧的月光。

最左图：2007年莫斯科，施华洛世奇天桥首饰系列，肖恩·利尼为亚历山大·麦昆设计的作品。利尼重塑了维多利亚星形，将其放大后用于头饰，并用密钉镶工艺镶嵌黄水晶。

左图：2007年，肖恩·利尼为亚历山大·麦昆设计的作品。利尼采用了另一个维多利亚时代珠宝图案——新月形，这件天马行空的作品给人一种错觉，似乎新月形刺穿了模特的颈部。它成为了哥特风格的代表作。天然切割的月长石营造出光怪陆离的诡异气氛。

下左图：利尼受到日本传说的启发设计的作品，传说樱花本是富士山上空的云彩，女神将其点缀上花蕊变为花朵。这三件首饰诠释了开花的不同阶段，珍珠戒指代表花蕾，最后一只带有珐琅花的戒指代表了盛开的花朵。三枚戒指都是金镶珐琅和珍珠组成。

弗兰克·盖里（Frank Gehry）

美国建筑师弗兰克·盖里（1929—）最著名的作品位于西班牙毕尔巴鄂，拥有钛金属屋顶的古根海姆博物馆设计。他于2006年开始为蒂芙尼设计珠宝，是自1980年帕洛玛·毕加索进入蒂芙尼以来，第一位被引荐进入该公司的新艺术家。盖里擅长使用纯银、钛金属和黑金，配合猫眼石、乌木和花岗岩，并镶嵌钻石加工成变化多端的抽象形状，与他的天然现代主义风格建筑交相辉映。盖里的建筑设计，如洛杉矶迪士尼音乐厅，反映了后现代主义的历史观。盖里没有在怀旧情绪中寻找庇护，而是引入性感、天然的感觉，凭借灵动的曲线，给视觉上平淡无奇的包豪斯现代主义注入新活力。这种柔和与简约的感觉能够在蒂芙尼珠宝系列"扭矩和兰花"中看到。该系列注重使用动态造型和不寻常的材料，如考奇龙石和伯南布哥木，而不是单独的宝石。对盖里来说，"珠宝是一种艺术形式，这种艺术很有趣，因为它表达了佩戴者的风格和个性。我一直认为，时尚能让我看到人们，尤其是女性在想些什么。所以我始终觉得珠宝是时尚的重要组成。当我开始创作珠宝，并看到女性佩戴我的设计时，这些作品就被赋予了生命，就像建筑成为生命的一部分。我完成一座建筑后，看到人们穿梭其中，那感觉非同寻常，对于珠宝我也有同感。"

长野和美（Kazumi Nagano）

长野（1946—）出生于日本，毕业于东京多摩美术大学，获得美术硕士学位。学习期间，她学会了日本传统绘画胶彩画。有近千年历史的胶彩画使用的颜料来自天然物质，如矿物、贝壳、珊瑚和半宝石，这些颜料再用胶黏合，这种用动物皮毛制成的胶名叫"二川"。胶彩画的艺术目的包括激起观赏者内心的平静与思考，1996年长野开始将这种技术用于珠宝设计。她的手链制作方式五花八门，或用银丝和金丝编织而成，或用彩绘和尼龙线叠出。这些手链灵巧精致，手感柔软细腻，形状富有触感，在国际上取得巨大成功。

左图： 日本设计师长野和美的三件珠宝作品。制作于2009年，原料有纸、红漆和金子。2009年，用和纸、18开金、尼龙线、中国墨汁和银做成的胸针；一件工艺精湛的手镯，原料有18、14和10开金，尼龙线。长野是美术家出身，她使用精致的手工纸、金、尼龙线和油漆，创造出安静而引人深思的作品。

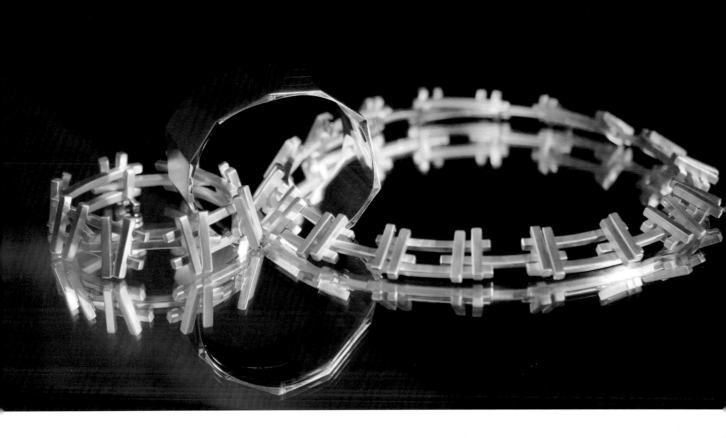

上图：2003年，蒂芙尼与建筑师弗兰克·盖里合作，设计了独家珠宝系列。第一组珠宝于2006年在纽约展出，盖里的珠宝散发出抽象美学，与其激进的建筑设计交相呼应。

下图：长野和美利用银丝、金丝及日本和纸，创造出不同的色彩和质感的饰品，使其作品柔和自然、精巧雅致。这两件胸针结合了金丝、尼龙线和钻石珠。

右图：长野设计的一根珠子项链，用14、10开金和钯金编织而成。

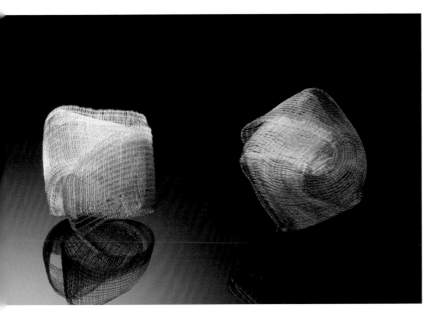

希尔・菲内尔（Theo Fennell）

菲内尔成长于传统的军人家庭，他在伊顿公学接受教育，后来进入艺术学院，成为伊顿公学十年来首位进入艺术学院的学生，毕业后进入哈顿公园当学徒。大约在这个时间，一位顾客带来一瓶1920年代18开金香槟酒杯，上面刻有一行字"早上好，戴安娜"。酒杯的奇怪设计点燃了他的想象力，他看到了自己设计生涯的方向，专为富有的客户设计奇形怪状的物品以取悦他们。艾尔顿・约翰（Elton John）也是菲内尔的客户，他之所以被吸引，是因为菲内尔的作品具有夸张的现代感，其设计耀眼闪亮，并结合经典珠宝制作工艺。菲内尔同时满足了女性以及男性客户对珠宝首饰的需求，能做到这一点的珠宝设计师屈指可数。

菲内尔的公司创立于1982年，第一家店面设立在伦敦富勒姆路。这位珠宝艺术家被人们称为"闪亮之王""明星珠宝设计师"，他的客户有艾拉・麦克弗森（Elle Macpherson）、吹牛老爹（P Diddy）、维多利亚・贝克汉姆。大卫・贝克汉姆曾花费4万英镑购买了菲内尔设计的巨型镶钻十字架，这一事件曾被媒体广泛关注。菲内尔的作品包括纯银瓶盖、镶满宝石的钥匙型吊坠以及每只要价25万英镑的定制戒指，这些饰品是当时极繁主义的表现，但有时显得过分炫耀。菲内尔2008年退出以自己名字命名的公司，但前不久他重掌公司，继续制作精巧昂贵的饰品，供新一代的富商巨贾消费。他近期的设计收敛了些许奢华，其中一组木质项链取材于再生木材，这些木材来自皇家剧院、德鲁里巷，制作首饰的原料还包括泰晤士河边找到的古董毒药瓶。菲内尔说："美丽的珠宝并不是要说'看我多么富有'，而是'我喜欢这个，你呢？'"。

右图：希尔・菲内尔的作品完美地展示了现代闪耀的风格，他夸张惹眼的作品呼应了千禧年后名人文化的奢靡。上起顺时针分别为：18开白金、海蓝宝石和粉电气石戒指；18开白金、红宝石和钻石十字架吊坠，这是他最著名的设计之一；18开白金镶钻石和黑钻石骷髅头戒指；18开玫瑰金镶蓝宝石和钻石钥匙吊坠。

索朗芝·阿扎戈里-帕特里奇
（Azagury-Partridge）

阿扎戈里-帕特里奇认为自己没有接受过正统设计学习绝对是一个优势，她说，"自学成才的好处在于，我没有固有观念，也没有关于珠宝的条条框框"。她大学专业是法语和西班牙语，后来进入巴特勒&威尔逊公司与尼基·巴特勒（Nicky Butler）共事。一年后，她为古董商戈登·沃森（Gordon Watson）工作，从那里她了解到了高级珠宝的历史，并了解了20世纪伟大设计师的作品，包括苏珊·贝尔佩龙，直到现在她仍能从苏珊的作品中获取灵感。

1987年订婚后，阿扎戈里-帕特里奇发现市场上找不到符合她品味的戒指，她决定为自己设计一枚戒指。她设计了一枚简单的金戒指，其上镶嵌着一颗未切割的钻石。她使用的宝石似乎刚从地底下开采出来，这成了她所有作品的标志。她刻意放弃了切工精致的宝石所带来的光芒，选择了更加内敛、深沉的风格。她设计的订婚戒指受到了友人们的广泛赞许，这位新秀设计师创立了自己的公司，1995年在伦敦维斯特波恩路开设了第一家门店。阿扎戈里-帕特里奇的设计以其独特风格而闻名，如她设计的畅销首饰"金色之心"，这件饰品用纯金打造，外形似缩小的人体心脏悬于一根项链之上，并且从解剖学上看，这颗纯金心脏与人的心脏别无二致。她设计的戒指似雕塑一般生机勃勃，其上镶嵌着一些色彩丰富的宝石和珐琅，这种不寻常的组合是她主题作品系列的关键。她每年都会发布主题作品系列，包括1999年的"宇宙"，2002年的"七"，2007年的"柏拉图"，该系列作品是她首个黑金镶钻系列作品。2001年，设计师汤姆·福德（Tom Ford）钦点阿扎戈里-帕特里奇担任宝诗龙创意总监，她在宝诗龙工作了三年，后返回伦敦。她简明扼要地说："我只想让我的珠宝给生活增加一丝欢乐。"

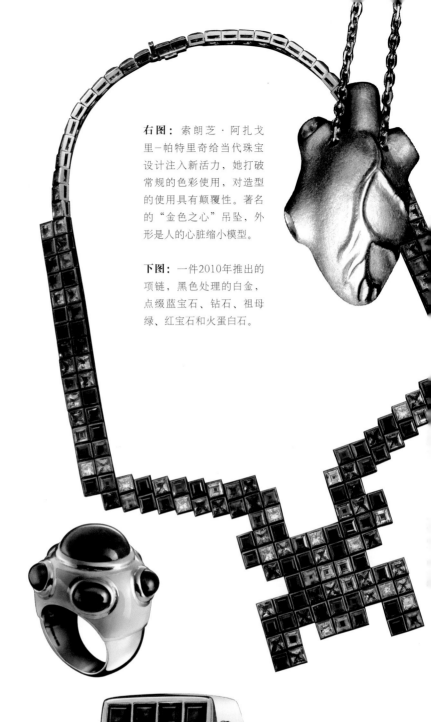

右图：索朗芝·阿扎戈里-帕特里奇给当代珠宝设计注入新活力，她打破常规的色彩使用，对造型的使用具有颠覆性。著名的"金色之心"吊坠，外形是人的心脏缩小模型。

下图：一件2010年推出的项链，黑色处理的白金，点缀蓝宝石、钻石、祖母绿、红宝石和火蛋白石。

左起顺时针：珐琅18开金教皇戒指搭配红宝石；能显示星期的戒指，镶有金子、红宝石、钻石和珐琅；宇宙眼戒指，金镶钻石、红宝石、缟玛瑙、天青石、绿松石、珍珠母和澳洲玉；亚当和夏娃戒指，珐琅金镶祖母绿、红宝石和珊瑚；柏拉图戒指，黑色处理白金镶钻石；Bi-Di白金镶钻戒指。

选购与收藏

收藏古董是时尚消费最可持续的方式，这是循环使用的完美例证，也是创造独特造型的重要手段。过去，明星使用珠宝塑造个人形象。格洛丽亚·斯旺森（Gloria Swanson）是1930年代电影中的贵妇人，她总是在左手佩戴各式各样的金色手环。奥黛丽·赫本（Audrey Hepburn）经常佩戴有吊坠的手镯。风尚领袖的喜好使得这些首饰更加具有收藏价值。同时也要放眼未来，因为今天的珠宝也能成为以后的古董，购买高品质人造珠宝饰物并加以精心保养，将来你也能给后代留下传家宝。

古董珠宝市场一直很繁荣，购买古董的关键在于质量和品相。艾莎·夏帕瑞丽、马塞尔·鲍彻（Marcel Boucher）、米莱姆·哈斯卡尔（Miriam Haskell）等著名设计师制作的古董珠宝饰物保值率很高，其中一些精美的饰品还没有主人，仍有机会将其收入囊中。注意饰品有无腐蚀和镀层磨损，还要留意饰品上莱茵石有无浑浊，或宝石有无丢失或有裂痕，以及珐琅是否受损。尽管金银器的划痕可以修复，气泡、裂缝和孔洞却无法修补。检查连接部位是否牢固，避免购买有明显焊接痕迹的饰品，因为这很可能意味着饰品曾被修补过。

去哪购买

购买古董珠宝有不少渠道，比如专业珠宝展会和复古创意市集，包括伦敦的波托贝罗路（Portobello Road）和柏蒙德市场（Bermondsey Market）、巴黎圣图安市场（Clignacourt）和纽约布鲁克林（Brooklyn）的跳蚤市场。每年九月第一个周末，里尔会举办欧洲最大的跳蚤市场。市场沿公路展开，绵延两英里，商贩们在道路两旁展示自己的商品，市场的氛围很好，各式各样的古董珠宝琳琅满目，价格也较为实惠。慈善商店和旧货商店也是购买古董珠宝的好地方，那里能找到价格合适的精品古董珠宝。多数大城市都有精品古董珠宝商，比如琳达·比（Linda Bee），她在伦敦格雷古玩市场经营饰品生意多年，这座市场专门从事猫科动物相关饰品的交易。其他知名珠宝商还有米莱姆·哈斯卡尔、好莱坞的约瑟夫（Joseff of Hollywood）、斯基亚帕雷利（Schiaparelli）。纽约皮蓬古董珠宝店各式各样的小玩意儿琳琅满目，布满店铺的每个角落，有5美元的劣质人造珠宝，也有800美元一件的高级古董饰品。

如何识别假冒时装首饰

随着对古董时装首饰的需求飞速增长，市场上出现了许多假货。一些无良商家的惯用伎俩之一，就是收集破损饰品上的旧莱茵石，将其镶嵌到新的饰品架上。古董饰品通常很顺滑，并且表面有铑金属镀层。假货手感很不顺滑，样子看上去有故意做旧或氧化的痕迹。真正的莱茵石珠宝至少有40年历史，所以如果你挑中的首饰看起来很新，那么它很可能是现代仿品。

检查宝石周围是否有灰尘，这能透露饰品的年代。观察卡扣的风格，看是否与饰品年代相符。感受珠宝的重量，提前熟悉本书中介绍的关键设计师，了解他们的风格和标志性设计。例如美国维斯公司（Weiss），他们总是使用爪镶加工宝石，所以如果你看到自称维斯的首饰，而首饰上的宝石却是用胶水黏合，你就能识别这件首饰是假货。在没有练成"火眼金睛"前，避免购买翠法丽"果冻肚皮"这类比较昂贵的饰品。记住在刚开始收藏时，要经历一个尝试犯错的过程。最佳的建议是，对于看起来划算的买卖，一定要始终保持警觉，尤其是网上的交易，结果很可能不是你看到的那样。有很多网站提供特定风格的信息，比如米莱姆·哈斯卡尔时刻都被人模仿（见 http://imageevent.com/bluboi/haskellfakes），所以在出价前一定要做好功课。

鉴别假钻石

买钻石记住4个"C"，即颜色（Colour）、切工（Cut）、克拉（Carat）、净度（Clarity）。若要投资大笔钱购买钻石，一定去有声誉的珠宝商或鉴定处购买，强烈建议对方已取得美国宝石研究院（GIA）证书。通常来说，钻石越大越稀有，同等条件下，4克拉钻石价值远高于2枚2克拉钻石价值之和。

· 务必注意镶嵌工艺质量，钻石是昂贵宝石，绝不会镶嵌在廉价金属之上。

· 真钻石不会发出彩虹似的七色光，其光线只有灰色或白色。

· 如果钻石没有镶嵌在饰品上，翻转钻石放置于报纸上。如果能轻易看到报纸上的字，即为赝品。

· 朝钻石呼气，钻石上的雾气应立即消散。如果雾气停留时间超过2秒，即为赝品。

·往钻石切面上滴一滴水,真钻石上的水滴不会散开。若水滴散开,则该宝石为玻璃或水晶。

鉴别假珍珠

珍珠种类繁多,鉴别珍珠是天然的、人工培育的还是赝品非常困难。即使珍珠经销商们也难以将其区分,据说唯一的鉴别手段就是将珍珠一切两半,看是否具有天然珍珠的层次。另一种方法是用X光检测。

还有一些方式能够鉴别珍珠的真假,虽然不像以上两种方法那么具有破坏性,也没那么耗时,但鉴定结果并不十分准确。

·用珍珠轻柔地摩擦你的牙齿表面,天然珍珠会有一些颗粒感。人工培育的珍珠较为顺滑,但也会有些许不平整和颗粒感。但先别急着掏信用卡,因为赝品珍珠能模仿天然珍珠的表面,蒙骗潜在买家。

·把多颗珍珠置于亮光下,室内室外皆可。研究其在亮光下色彩和反射的变化。如果珍珠形状和颜色一致,则为赝品。

·用放大镜观察,寻找珍珠表面的起伏、坑洼,并仔细检查钻孔。如果能看到层次,则很可能是真货。

·关注质量。正品珍珠比赝品重,两颗珍珠间的连接常打结,并且有带安全链的纯银爪。

高级珠宝的保养

镶有如钻石等珍贵宝石饰品应该单独保存,因为即使最坚硬的宝石也有可能碎裂。大多数珠宝店都能买到布袋,将珠宝单独放于布袋中能防止珠宝相互擦碰。古董钻石必须由专业人士清理,因为宝石和镶体可能很娇贵,需要专业养护。清理其他宝石,建议使用以下工具:

·浅盘,千万不要在水槽中清洗首饰,下水口塞子意外打开会酿成灾难。用浅盘浸泡珠宝。

·软毛牙刷能清理珠宝上的尘土,而不会带来磨损。

·柔性清洗液。

·无绒抹布,眼镜布就很好用。

第一步:用镊子去除首饰上的纤维;

第二部:将首饰放入柔性清洗剂溶液中,用牙刷轻轻刷洗,刷洗过程中要变换角度;

第三部:用清水冲洗,最后用软布擦拭至发亮。

珍珠的保养

珍珠很娇贵,易受污染损伤。化妆品、香水和发胶都会污染珍珠,所以外出时应最后佩戴珍珠饰品。珍珠不能用任何具有溶解性或粗糙的物质清洗,只能用无绒软抹布擦拭。佩戴珍珠时,远离沙滩和泳池,串珍珠的丝线浸湿后很容易腐烂,珍珠不能接触氯化水和防晒霜。佩戴后用无绒布擦拭,因为接触皮肤的

左图: 一只华丽的时装手镯,设计者为加拿大珠宝设计师阿兰·安德森(Alan Anderson)。安德森善于用古董钻石制作新饰品。

次数越多，珍珠失去光泽的速度就越快。避免阳光直射，做饭时不要佩戴珍珠。珍珠是有机物，受热过度后可能会脱水、受损。

胶木还是假胶木？

目前市场上假胶木数量巨大，其中大部分产自印度。当心五颜六色的圆点纹大手镯以及带有苏格兰野狗等夸张图案和铰链明显做旧的饰品。玛莎·斯利柏（Martha Sleeper）饰品的仿品就呈现上述几种特点。如果饰品看起来很廉价，而且没有明显的磨损，那就不要购买，因为她的所有作品都很旧而且极其稀有。要检测是否为真品，可以用大拇指快速揉搓胶木，然后立刻闻一闻，真品应该有类似树脂或樟脑的味道。如果从家里跳蚤市场买到的胶木，用流水冲30秒，然后闻闻看是否有苯酚的气味。如果苯酚气味消失，留下的只有塑料味，那么就是假胶木。

· 鉴于假胶木泛滥，最好去有声誉的商铺购买，不要从网上购买，网购仅适用于专家。

· 现在胶木已不再生产。商家所谓的新胶木实际上是聚合物。

· 不存在所谓的白胶木。时间一长，胶木会变暗泛黄。

· 研究珠宝的固定连接处，了解它们如何连接在首饰上。老胶木首饰会用针钻孔、铆钉和螺丝固定，不会用胶水黏合。

胶木的养护

胶木对阳光敏感，暴露在阳光下会使其褪色，用软布包裹以避免阳光直射。胶木对温度变化敏感，接触到暖气、空调或存放于塑料制品中可能会开裂。用肥皂水手工清洗，用毛巾擦干，之后用龟牌（Turtle Wax）或西米格（Simichrome）抛光蜡打磨，去除微小的磨损痕迹。

网上购买

如果决定在网上购买，请倍加小心。正如之前的建议，如果你不是非常有经验的藏家，请不要在网上购买。如果卖家展示出多件知名设计师的古董珠宝，如斯基亚帕雷利，那珠宝的真实性很值得怀疑。一次性出售整个系列藏品的可能性微乎其微。通过仔细观察卖家的反馈，也能发现一些端倪。如果是私卖，你将无法了解他们的声誉如何，建议不要购买。仔细阅读珠宝介绍，如果买到的首饰与描述不符，你可以要求退款。

务必考虑运费成本，如首饰需邮寄，确保首饰已投保，同时注意，如果从海外购买，可能会产生高额进口费用。如果从易趣（eBay）以外的其他渠道购买，出现意外时将无法获得保障。绝对不要购买使用即时现金电汇服务的物品，通过这种途径与自己不认识的卖家交易极不安全。如果通过易趣使用贝宝（Paypal）购买，卖家不会获得除你地址外的其他银行或信用卡信息，如果你有贝宝买家保障，你的消费将获得最多1000美元的保额。

上图：黄水晶戒指和耳坠套装，大约出品于1920年代。购买有原装珠宝盒的首饰，有助于验证其出处及价值。

博物馆与收藏地

英国

布赖顿博物馆及艺术画廊（Brighton Museum & Art Gallery）
网址：www.brighton-hove-rpml.org.uk/Museums/brightonmuseum
这里有丰富的新艺术风格藏品，其藏品来自许多不同国家。

大英博物馆（British Museum）
网址：www.britishmuseum.org
收藏品包括从约公元前5000年到今天的珠宝。大部分藏品都公开展览，更多藏品可通过网络访问。

切尔滕纳姆艺术画廊与博物馆（Cheltenham Art Gallery & Museum）
网址：www.cheltenhammuseum.org.uk
优秀的永久收藏品，包括艺术和手工艺银饰，以及由查尔斯·阿什比（Charles Ashbee）手工业行会制作的珠宝。

时尚博物馆（The Fashion Museum）
网址：www.museumofcostume.co.uk
藏品规模不大，涵盖从18世纪到21世纪的时装珠宝。包括帽针、带扣、胸针、项链、耳环、手镯和头饰。虽然时装珠宝不在博物馆展出，其开放性的研究设施能让人们有机会欣赏这些藏品。

伦敦博物馆（Museum of London）
网址：www.museumoflondon.org.uk
这里的珠宝藏品包括著名收藏家琼·伊凡斯（Joan Evans）女爵士、德尔兰杰男爵夫人（Baroness D'Erlanger）、克里夫人（Lady Cory）和玛丽皇后（Queen Mary）收集的珠宝。还有伊丽莎白（Elizabeth）和詹姆斯一世（Jacobean）最著名的珠宝系列藏品齐普赛街（Cheapside）。

珠宝角博物馆（Museum of the Jewellery Quarter）
网址：www.bmag.org.uk/museum-of-the-jewellery-quarter
讲述珠宝角和著名的伯明翰珠宝和金属加工遗产的故事。地球的财富画廊展出天然原材料制作的珠宝，包括鲸鱼牙、珊瑚、钻石和铂金。

伦敦塔（Tower of London）
网址：www.hrp.org.uk/toweroflondon
藏品有皇冠上让人眼花缭乱的23578颗珠宝，其中还有世界上最著名的钻石。

阿尔斯特博物馆（The Ulster Museum）
网址：www.ezlo.com
优势在于18、19世纪珠宝和新艺术风格饰品。馆藏有现存最完整的19世纪爱尔兰珠宝，还收藏有史前和中世纪早期爱尔兰珠宝。

维多利亚和阿尔伯特博物馆（Victoria and Albert Museum）
网址：www.vam.ac.uk
威廉和朱迪思·博林杰（William and Judith Bollinger）珠宝画廊展示了3500件维多利亚和阿尔伯特博物馆珠宝系列藏品，这是全世界最精致、最全面的珠宝系列之一。

惠特比博物馆（Whitby Museum）
电话：01947 602908
网址：www.whitbymuseum.org.uk
馆藏500余件人工制品艺术品，此类藏品全球首屈一指。

美国

美国自然历史博物馆（American Museum of Natural History）
网址：www.amnh.org
25枚闪耀的钻石在摩根宝石纪念大厅展出。

布鲁克林博物馆（Brooklyn Museum）
网址：www.brooklynmuseum.org
美国最大的博物馆之一，藏品包括从古埃及至今的珠宝首饰。

美国艺术卢斯基金会中心（Luce Foundation Center for American Art Smithsonian）
网址：www.americanart.si.edu/luce/
这里是仓储和研究藏品的中心，有对公众开放的区域，里面收藏有大量古董和现代珠宝首饰。

澳大利亚

国家蛋白石中心（The National Opal Collection）
网址：www.nationalopal.com
零售陈列室和博物馆展示各种各样的澳大利亚的国家宝石，并解释宝石如何形成和如何开采。

比利时

钻石博物馆（The Diamond Museum）
网址：www.diamantmuseum.be
安特卫普是世界钻石中心。该博物馆囊括钻石的方方面面，包括从16世纪至今的钻石珠宝藏品。

丹麦

丹麦国家博物馆（The National Museum of Denmark）
网址：www.natmus.dk
收藏有丹麦风格的史前时期和维京时期以及阿迈厄岛和北部非洲的传统珠宝首饰。

芬兰

芬兰国家博物馆（The National Museum of Finland）
网址：www.nba.fi/en/nmf
拥有来自芬兰、爱沙尼亚和俄罗斯的芬兰乌戈尔族传统珠宝。

法国

装饰艺术博物馆（Musée des Arts Décoratifs）
网址：www.lesartsdecoratifs.fr
约1200件珠宝在高尔夫珠宝收藏展展示。

奥赛博物馆（Musée d'Orsay）
网址：www.musee-orsay.fr
馆藏19世纪60年代以来的精美珠宝和金饰。

卢浮宫（Musée du Louvre）
网址：www.louvre.fr
馆藏从古代到19世纪中叶各式珠宝首饰，包括阿波罗画廊中展示的法国皇冠珠宝。

法国水晶博物馆（Musée Lalique/Musée de France）
网址：www.cc-paysdelapetitepierre.fr/
法国唯一一座专门展示新艺术风格大师级珠宝艺术家、水晶制作大师雷内·拉利克雷内·拉利克（René Lalique）作品的博物馆。

德国

法贝热博物馆股份有限公司（Fabergé Museum GmbH）
网址：www.fabergemuseum.de
致力于展示卡尔·法贝热的生活和工作，包括精美的珠宝首饰。

普福尔茨海姆珠宝博物馆（Schmuckmuseum Pforzheim）
网址：www.schmuckmuseum.de
世界上为数不多的专门珠宝博物馆之一。永久陈列从上古时期至今的珠宝首饰，另外还有临时珠宝展出。

希腊

伊利亚斯拉洛尼斯珠宝博物馆（The Ilias Lalaounis Jewellery Museum）
网址：www.lalaounis-jewelrymuseum.gr
全球唯一一致力于当代珠宝的博物馆，馆藏4000多件珠宝首饰和微雕作品。

国家考古博物馆（National Archaeological Museum）
网址：www.namuseum.gr
馆藏古典首饰，包括迈锡尼时期的珠宝。

匈牙利

应用艺术博物馆（Museum of Applied Arts）
网址：www.imm.hu
馆藏大量优秀的新艺术风格珠宝，包括雷内·莱丽卡（Rene Lalique）和奥斯卡·塔杨（Oszkár Tarján）的作品。

意大利

银制品博物馆（Museo degli Argenti Uffizi Gallery）
网址：www.uffizi.com/museodegli-argenti-florence.asp
馆藏从17世纪至今的500余件珠宝首饰。

荷兰

玛奇博物馆（Galerie Marzee）
网址：www.marzee.nl
世界上最大的现代珠宝首饰宝库，随时举办四五场展出，每两个月都有新展览。

波兰

琥珀博物馆（The Amber Museum）
专注于琥珀的博物馆，藏品包括当代琥珀艺术家的成就。

商店和精品店

英国

布莱克欧（Blackout II）
地址：51 Endell Street Covent Garden London WC2H 9AJ
电话：020 7240 5006
网址：www.blackout2.com
古董时装珠宝。

先驰（Cenci）
地址：4 Nettlefold Place London SE27 0JW
电话：020 8766 8564
网址：www.cenci.co.uk
1930年以来的复古时尚、配件和珠宝。

齐尔卡1900（Circa 1900）
地址：Upstairs 6 Camden Passage London N1 8ED
电话：0771 370 9211
网址：www.circa1900.org
专营工艺美术、装饰艺术风格和新艺术风格的珠宝首饰。

银矿画廊（Electrum Gallery）
地址：21 South Molton Street London W1K 5QZ
电话：020 7629 6325
可买到多恩·维格朗（Tone Vigelund）、温迪·拉姆塞（Wendy Ramshaw）、格尔达·弗洛金哲（Gerda Flockinger）等人的独特现代珠宝作品。

琳达·比（Linda Bee）
地址：Grays Antique Market, 58 Davies Street and 1-7 Davies Mews London W1K 5AB
电话：020 7629 7034
网址：www.graysantiques.com
伦敦格雷古董市场中的老店。

奥比斯蒂安·哈利费恩（Obsidian, Harry Fane）
电话：020 7930 8606
网址：www.harryfane.com
卡地亚和韦尔杜拉古董珠宝世界级权威。

帕莱特伦敦（Palette London）
地址：21 Canonbury Lane London N1 2AS
电话：020 7 288 7428
网址：www.palette-london.com
19世纪20年代到90年代古董珠宝大杂烩，这里还提供搜寻服务。

雷利克（Rellik）
地址：8 Golborne Road London W10 5NW
电话：020 8962 0089
网址：www.relliklondon.co.uk
19世纪20年代到80年代中期的服装和饰品。

罗克特（Rokit）
地址：42 Shelton Street London WC2H 9HZ
电话：020 7836 6547
网址：www.rokit.co.uk
19世纪20年代到80年代的古董和复古服饰和珠宝。

塔德玛艺术馆（Tadema Gallery）
地址：10 Charlton Place London N1 8AJ
电话：077 1008 2395
网址：tademagallery.com
专注于19世纪晚期和20世纪早期的珠宝，包括新艺术风格、青春风格、斯康维克运动、英国工艺美术、埃及复古风格、装饰艺术风格和世纪中叶珠宝。

凡登布希（Van den Bosch）
地址：123 Grays Antique Market, 58 Davies Streeet London W1K 5LP
电话：0207629 1900
网址：www.vandenbosch.co.uk
手工艺时期、新艺术风格、青春风格和斯康维克运动时期的珠宝。

美国

拉斯维加斯的安妮奶油干酪（Annie Cream Cheese of Las Vegas）
地址：3327 Las Vegas Boulevard Las Vegas NV 89109
电话：702 452 9600
网址：www.anniecreamcheese.com
高端设计师古董服装，同时也有大量古董珠宝收藏。

二十年（Decades Two）
地址：8214 Melrose Ave Los Angeles CA 90046
电话：323 655 1960
网址：www.decadestwo.com
销售时装精品，同时也有精心挑选的珠宝首饰，包括从20世纪30年代到90年代设计出品的首饰，并且其经常出现在颁奖典礼红毯上。

康尼瓦伦提复古时装店（Keni Valenti Retro-Couture）
地址：155 West 29th Street Third floor, Room C5 New York NY 10001
电话：917 686 9553
网址：www.kenivalenti.com
精品古董店，可以买到精心挑选的古董设计师珠宝。

加拿大

奢华废物公司（Deluxe Junk Company）
地址：310 Cordova Street Vancouver British Columbia V6B 1E8
电话：604 685 4871
网址：www.deluxejunk.com
温哥华最古老的古董服饰珠宝店。

神圣颓废原创店（Divine Decadence Originals）
地址：136 Cumberland Street Upper Floor Toronto Ontario M5R 1A2
电话：416 324 9759
古董服饰和珠宝。

澳大利亚

罗克特（Rokit）
地址：Metcalfe Arcade 80-84 George Street The Rocks Sydney
电话：（02）9247 1332
网址：www.rokit.com.au
品种丰富的古董珠宝服装首饰。

古董服饰店（Vintage Clothing Shop）
地址：7 St James Arcade 80 Castlereagh Street Sydney 2000
电话：（02）9238 0090
网址：www.thevintageclothingshop.com
多种多样罕见的高品质古董珠宝和首饰。

古董市场

大多是城市每周或每天举办的古董跳蚤市场，如果你有足够的时间和耐心，便可以从这些市场中淘得一些心仪之物。

英国

伯蒙德西古玩市场（Bermondsey Market）
地址：Bermondsey Square Tower Bridge Road, London
每周五凌晨1点到下午1点
这座历史悠久的市场需要起个大早，但这值得你花费功夫。

波托贝洛路市场（Portobello Road Market）
地址：Portobello Road, London
网址：www.portobello road.co.uk
市场每六营业，店铺每周营业六天。欧洲最大的市场，里面有大量古董珠宝。

美国

古董车库（Antiques Garage）
地址：112 W 25th between Sixth and Seventh Aves
电话：212 243 5343
网址：www.hellskitchenfleamarket.com
共100余名商贩，位于曼哈顿停车场。

地狱厨房跳蚤市场（Hell's Kitchen Flea Market）
地址：39th Street, between 9th and 10th Avenues
电话：212 243 5343
网址：www.hellskitchenfleamarket.com
每周日上午9点至下午6点。小型二手市场，开市后很快变得拥挤，所以要早去。

法国

克里尼昂古尔市场（Clignancourt Market）
地址：Avenue de la Porte de Clignancourt
网址：www.marchesauxpuces.fr
周一至周六，早9点至晚6点。市场位于城市北郊，拥有摊位2000~3000个。

里尔跳蚤市场（Lille Flea Market）
九月第一个星期，一年中有两天时间，里尔变成了买便宜货的人的天堂，这里商铺绵延100公里，近1万个摊位。

慈善店、旧货店

关注当地慈善店和旧货店，看能否发现划算的买卖，访问他们的网站以寻找当地商铺。

英国
巴纳多氏（Barnardo's）
www.barnardos.org.uk

英国红十字会（British Red Cross）
www.redcross.org.uk

英国心脏基金会（British Heart Foundation）
www.bhf.org.uk

英国癌症研究中心（Cancer Research UK）
www.cancerresearchuk.org

玛丽·居里（Marie Curie）
www.mariecurie.org.uk

牛津饥荒救济委员会（Oxfam）
www.oxfam.org.uk/shop

救助儿童会（Save the Children）
www.savethechildren.org.uk

苏赖德（Sue Ryder）
www.suerydercare.org

美国
大旧货店（Arc Thrift Stores）
www.arcthrift.com

善意实业国际（Goodwill Industries International）
www.goodwill.org

救世军（Salvation Army）
www.salvationarmyusa.org

加拿大
善意实业国际（Goodwill Industries International）
www.goodwill.on.ca

澳大利亚
圣文森·德·保罗协会（Society of Saint Vincent de Paul）
www.vinnies.org.au

救世军（Salvation Army）
salvos.org.au

圣劳伦斯兄弟会（Brotherhood of St Laurence）
www.bsl.org.au

网上商店

www.affordablevintagejewelry.com
www.agedandopulentjewelry.com
www.anniesherman.com
www.bagladyemporium.com
www.bejewelledvintage.co.uk
www.chicagosilver.com
www.circa1900.org
www.decogirl.co.uk
www.druckerantiques.com
www.enchantiques.nl
www.heirloomjewellery.com
www.heritagejewellery.co.uk
www.jacksonjewels.com
www.laurelleantiquejewellery.co.uk
www.modernity.se
www.morninggloryjewelry.com
www.magpievintage.co.uk
www.pastperfectvintage.com
www.penelopespearls.com
www.rubylane.com
www.scandinaviansilver.co.uk
www.thejewelrystylist.com
www.vintagecostumejewels.com
www.vintagecostumejewellery.co.uk
www.vintagejewelryonline.com
www.v4vintage.com
www.wartski.com

拍卖行

英国
邦瀚斯拍卖行（Bonhams）
地址：101 New Bond Street
London W1S 1SR
and Montpelier Street
London SW7 1HH
电话：020 7447 7447
网址：www.bonhams.com

佳士得（Christie's）
地址：8 King Street
St James's
London SW1Y 6QT
电话：020 7839 9060
网址：www.christies.com

苏富比（Sotheby's）
电话：020 7293 5000
网址：www.sothebys.com

美国
邦瀚斯（Bonhams）
地址：220 San Bruno Avenue
San Francisco CA 94103
电话：415 861 7500
7601 Sunset Boulevard
Los Angeles CA 90046
电话：323 850 7500
580 Madison Avenue
New York NY 10022
电话：212 644 9009
网址：www.bonhams.com

佳士得（Christie's）
地址：20 Rockefeller Plaza
New York NY 10020
电话：212 636 2000
网址：www.christies.com

苏富比（Sotheby's）
电话：212 606 7000
网址：www.sothebys.com

澳大利亚
邦瀚斯（Bonhams）
地址：Level 57 MLC Centre
19 29 Martin Place
Sydney, NSW 2000
电话：612 9238 2395
网址：www.bonhams.com/Australia

加拿大
邦瀚斯（Bonhams）
地址：20 Hazelton Ave Toronto M5R 2E2
电话：416 462 9004
网址：www.bonhams.com/Canada

参与者

感谢以下网店提供档案资源、信息和建议。请查看下列网店信息，获取古董珠宝购买信息。

经济古董珠宝（Affordable Vintage Jewelry）
www.affordablevintagejewelry.com
联系人：Polly Curtiss
电话：(001) 203 558 8281
精品古董珠宝，着重古董纯银饰品。

古董华丽珠宝（Aged and Opulent Jewelry）
www.agedandopulentjewelry.com
专注于高端古董时装珠宝。

贵妇市场（Bag Lady Emporium.com）
www.bagladyemporium.com
联系人：Marion Spitzley
bagladyemporium@gmail.com
胶木和塑料珠宝，署名及未署名珠宝。

蓝蝴蝶（Butterfly Blue）
www.rubylane.com/shop/butterflyblue
联系人：Patricia Howard
电话：(001) 604 948 8686

芝加哥银（Chicago Silver）
www.chicagosilver.com
美国工艺美术，专注于卡洛商店。

装饰女孩（Decogirl）
www.decogirl.co.uk
联系人：Wanda Ingham
decogirl@sky.com
电话：(44) 07525 203928
专注于胶木和塑料，特别是丽雅·史坦作品。

杜拉克古董（Drucker Antiques）
www.druckerantiques.com
联系人：William Drucker
bill@druckerantiques.com\
乔治杰森专卖。

迷人古董（Enchantiques）
www.enchantiques.nl
联系人：Erna Kager
info@enchantiques.nl
20世纪50年代和60年代古董珠宝，包括艾森博格原创。

格林氏（Green's）
www.rubylane.com/shop/greens
联系人：Susie Green
电话：(44) 020 7435 4085

珠宝设计师（The Jewelry Stylist）
www.thejewelrystylist.com
联系人：Melinda Lewis，www.the-jewelrystylist.com网站的造型师
电话：(001) 707 751 1665
时装珠宝，包括由哈斯凯尔、施赖纳、特里法里、斯基亚帕雷利、圣·洛朗和香奈儿设计的全套和单品首饰。

露露（Looluu's）
www.rubylane.com/shop/looluus
Leslie Sturt

让我们复古（Lets Get Vintage）
www.letsgetvintage.com
mrgvintage@optonline.net

闪亮小物件（Little Shiny Objects）
www.rubylane.com/shop/
littleshinyobjects
电话：(917) 488 7555

艺术聚合（Melange-Art）
www.rubylane.com/shops/
melange-art
Linda Sweeney
电话：(001) 520 825 4005

现代（Modernity）
www.modernity.se
info@modernity.se
电话：(46) 8 20 80 25
北欧现代风格饰品，如朵兰·布罗胡比

昙花一现古董珠宝（Morning Glory Antiques and Jewelry）
www.morninggloryjewelry.com
时装珠宝，包括朱莉安娜、哈斯凯尔、特里法里、施华洛世奇、科罗、艾森贝格和维士作品。

过去完美古董（Past Perfect Vintage）
www.pastperfectvintage.com
联系人：Holly Jenkins-Evans
montyholly@insightbb.com
电话：(001) 502 718 9190

佩内洛普珍珠古董珠宝（Penelope's Pearls Vintage and Antique Jewelry）
www.penelopespearls.com
联系人：Nancy Bohm
电话：(44) 519 773 3587

两只傻喜鹊（Two Silly Magpies）
www.rubylane.com/shops/
twosillymagpies
联系人：Patti Williamson

词汇表

镶边的（A jour）： 镶宝石的开口，允许光从宝石两侧透过。

奥古特（Aguette）： 宝石，通常是钻石，切割成窄矩形，以此方法切割的小钻石常用作点缀。

羽饰（Aigrette）： 20世纪初很流行，这种发饰常饰有羽毛或亮片。

钻孔（Ajoure）： 通过穿孔设计，切割或钻入金属片而不是线，使用之前已做弯曲或成型处理，类似金银丝细工。

合金（Alloy）： 是将两种或两种以上的金属合成一种混合物的冶金术语。在珠宝行业中，为了改变金属的颜色，或者增强其受压力，会将金属合金化。

护身符（Amulet）： 预防危险或者未知的物品，或称驱邪符。

阳极氧化（Anodizing）： 运用电解技术来染色或改变金属（通常是钛）的表面。

装饰艺术（Art Deco）： 流行于20世纪20年代的艺术风格，起源于法国，其特征是几何图案和角度。

新艺术（Art Nouveau）： 19世纪末20世纪初流行的设计风格，影响了珠宝设计，其特征通常是弯曲、流动、不对称的线条。设计中采用叶子、花朵、昆虫和女人等元素。

北极光（Aurora borealis）： 一种特定的莱茵石的名称，带有彩虹色的光感效果，1955年由施华洛世奇和迪奥共同开创。

长阶梯形宝石（Baguette）： 矩形多切面小宝石。

胶木（Bakelite）： 1909年利用苯酚和甲醛制造发明的合成树脂，它的特点是硬度高，并在20世纪60年代的珠宝中得到广泛使用。

条形胸针（Bar brooch or pin）： 饰有宝石的长而狭窄的胸针或大头针。

异形珍珠（Baroque pearl）： 有时也被称作"土豆珠"，这是一种形状不规则的珍珠或宝石，受到米莱姆·哈斯卡尔（Miriam Haskell）的青睐。

透底珐琅（Basse-taille）： 在雕刻有花纹的金属表面涂上半透明的珐琅，流行于20世纪中叶斯堪的纳维亚的银器上。

斜角切割（Bevel cut）： 以小于90°的角度在表面切割的方法。

包镶（Bezel）： 一条带形凹槽或凸缘的金属带。用金属带（宝石座）环绕宝石，向外延伸至高于宝石的位置，将宝石固定在合适位置。

明亮式切割（Brilliant cut）： 钻石最流行的切割方法，其外形类似于圆锥，此方法旨在反射最大程度的光线。

椭圆形钻石（Briolette）： 一个四周是三角形面或菱形面的水滴状石头。

蝴蝶翅膀珠宝（Butterfly wing jewellery）： 真正的蝴蝶翅膀做成的珠宝。通常通过反向绘画描绘出一幅图画，然后把整幅图画包裹在塑料或玻璃中。

锚链（Cable chain）： 一种手链风格，其链环呈圆形，大小一致。

弧面形切割（Cabochon）：宝石切割成圆形、半球形，没有切面，通常是圆形或椭圆形，也可以是其他形状。密度较高的半宝石主要使用这种切割工艺，如绿松石或虎眼石，因为这种宝石不需要太多的光线穿过，也能显示出自身的美。

浮雕（Cameo）：雕刻方法，将设计作品周围的表面切除，留下浮雕的部分。

金银线（Cannetille）：丝线编织成一个圆锥形的线轴，用作宝石镶嵌框架。

克拉（Carat）：用来形容钻石和其他宝石的重量单位。现在普遍使用公制克拉单位，一克拉相等于200毫克，于20世纪初在美国设立通过。克拉也被作为衡量黄金纯度的单位，也作Karat（开）。

漩涡装饰（Cartouche）：以漩涡和涡卷为特征的对称设计的装饰。

铸塑酚醛塑料（Catalin）：苯酚塑料材料的早期形式，有时被称为胶木，但两者构成有点不同。

填镶（Chamlevé）：一种珐琅加工技术，将金属切割成沟槽，向其中填充珐琅。

夹镶（Channel setting）：两个金属（金、铂或银）条在侧面适当位置夹住宝石的工艺，宝石之间没有金属。这种工艺比爪镶更适合小型宝石。

钻镶（Chaton setting）：此种镶嵌工艺通过一系列围绕的金属环的金属爪固定宝石，也称为冠或拱形镶嵌。

猫眼效应（Chatoyancy:）：一束光反射在宝石表面，出现一条明亮闪光的光带，宛如猫眼。

爪镶（Claw setting）：这种工艺可使宝石背面通过更多光线，这种镶嵌工艺通过许多金属插脚（爪）在恰当的地方支撑宝石。

夹式耳环（Clip-back/Clip-on）：无需刺耳的耳环。

棘轮（Cliquet）：也称为胸针或保险，这是一种采用走珠钮的紧固装置。

景泰蓝瓷器（Cloisonne）：通过花丝镶嵌珐琅等多步工序生产玻璃光泽和各种各样颜色的瓷器。

项圈（Collier de chien）：佩戴于女性咽喉部位，一种宽大、具有装饰作用的宝石项链，也被称为"狗项圈"。

五彩有机玻璃（Confetti Lucite）：由透明片或亮片包裹构成的塑料树脂。

王冠（Crown）：宝石的上半部分。

垫石（Cushion）：这可以是一种类型的钻石切割成一个圆形和一个方形，也指图章戒指冲压的一种风格。

金属镶嵌法（Damascene）：将金或银应用于钢铁生产复杂模式的过程，镶嵌珠宝通常来自西班牙和日本。

蚀刻装饰（Decoration etched）：非常轻微地雕刻在表面作为装饰。

翠榴石（Demantoid garnet）：钙铁榴石的子品种，是最稀有、最昂贵的石榴石，颜色由暗绿色到黄绿色。

带状头饰（Diadem）：常与宝石一起戴在额头的装饰带。较近的装饰带是新艺术运动时期的。

水晶织物（莱茵石）（Diamanté，rhinestone）：由岩石晶体、玻璃或丙烯酸制成的钻石替代品。

二重奏（Duette）：一只回形针上安装由两部分组成的针脚，因科罗而闻名。

电镀（Electroplating）：一种金属的加工方法，通过电流在另一种合金上镀上一层金属膜。

祖母绿型（Emerald cut）：通常指绿宝石切割，但不绝对，通常是阶梯型矩形切割，边角别切除。

"奴役"（En esclavage）：含有类似金属斑的手镯或项链成排连接。

珐琅（Enamel）：玻璃般的装饰面，由熔化的彩色粉末玻璃"黏贴"到金属（通常是青铜、铜或金）。

雕刻（Engrave）：雕刻师用工具在金属上雕刻出一个图案，或者用冲压工具或钻装饰金属或其他材料。

面（Facet）：宝石的抛光面。

刻面（Faceted）：小型扁切割表面，使透明石头有波光粼粼的效果。钻石、红宝石和蓝宝石几乎总是有刻面的（与凸面相对）。

假胶木（Fakelite）：现代大批量生产的产品，既不是真胶木也不是老式胶木（也被称为法国胶木）。

菲罗奈瑞（Ferronière）：一种头饰，特征是薄金属镶嵌着一颗大型宝石。

花彩装饰物（Festoon）：一种设计图案，由花环、鲜花串、丝带或叶组成。

金银丝细工（Filigree）：用金或银丝扭曲成精细、复杂图案的技术，常用于金属珠扣。

狐狸尾链（Fox tail chain）：一种由多个独立的、相互关联的链子所制成的编织链。

法式耳环（French backs）：一种无需耳洞的耳环，通过螺钉夹紧耳垂，也被称为螺丝扣耳环。

水果沙拉珠宝（Fruit salad jewellery）：也称为"水果锦囊"，以玻璃或塑料制成水果或叶子形状的珠宝。

花环风格（Garland style）：流行于20世纪早期，因铂金的广泛使用使之成为现实。以轻灵和精致的图案为特色，采用如花环、蝴蝶结、垂饰物和流苏等主题。

旋转烟火（Girandole）：水晶灯形状的胸针或耳环，三个梨形吊坠从中间部分悬垂下来。

雾凇宝石（Givre stones）：由透明的玻璃绕成半透明内芯，外表磨砂的宝石。

包金（Gold filled）：看上去像克拉金，通常被称为轧制金，金的重量至少占1/20的填充件归为此类。

镀金（Gold-plated）： 通常采用电镀的方法在金属表面镀上一层薄金属层，常标记为GEP，称为镀金或金电镀。

格令（Grain）： 有时用于测量珍珠重量的单位，一个公制或一格令珍珠等于50毫克或0.25克拉。

表面有沟槽的（Grooved）： 用线印出纹路。

麦穗纹饰（Guilloché）： 一种在金属表面雕刻重复装饰图案的车削技术。

麦穗纹饰珐琅（Guilloché enamel）： 在金属上应用半透明的珐琅，在其上有细节雕刻。

浮雕图像（Habillé）： 女性佩戴的镶宝首饰中刻有浮雕的宝石上的图像。

品质证明（Hallmark）： 金属物件上由英国化验所出具的官方标志，以保证其金属含量及真实性。

锤琢（Hammered finish）： 在金属表面的锤痕呈锯齿状。

夹杂物（Inclusion）： 包含在宝石中的固态、液态、气态的物质颗粒。

嵌花（Inlaid）： 一种掏空金属内部空间，将对比材料放入其中的技术，胶木圆点手镯就是一个很好的例子。

凹雕术（Intaglio）： 与浮雕相反，把设计刻在宝石上或者刻进物体上。

晕色（Iridescence）： 从宝石表面上看到的色调变化的光学现象。

胸针（Jabot pin）： 流行于20世纪初的珠宝装饰的领带别针。

金属带（Jarretière）： 金属手链的一个类型，手链一端是链带和搭扣，另一端是印花。

果冻肚皮针（Jelly Belly pin）： 胸针的风格，因翠法丽和科罗（Coro）而闻名，使用一种清晰的有机玻璃制成"肚皮"的形式。

朱莉安娜（Juliana）： 珠宝的风格，而不是制造者，此款珠宝由德国德利兹（DeLizza）和埃尔斯特（Elster）工厂设计，具有很高的收藏价值。珠宝本身从未标明，仅仅只有挂纸标签。

克拉（Karat或Carat）： 通常缩写为字母"K"，克拉指黄金纯度，24K是100%纯黄金，18K是指18份是黄金，6份是其他合金的金属。

套索（Lariat）： 两端开口（无扣）的长项链，通过结形花边在适当的位置成圈一直延伸到尾部。

宝石垂饰（Lavaliere）： 下方挂有宝石的吊坠。

利伯提风格（Liberty style）： 这种风格与著名的伦敦利伯提百货有关，集中体现了20世纪初新艺术风格的外观。

利摩日瓷器（Limoges）： 通过珐琅烧制创造艺术形象的一种法国技术，通常是人物肖像，用作胸针。

龙虾爪（Lobster claw）： 钩状似龙虾爪的一种弹簧机构，可以将其打开以连接到链的另一端。

小型放大镜（Loupe）： 珠宝商用的放大镜，用10倍放大倍率的放大镜可以看到珠宝内的夹杂物和缺陷之处。

有机玻璃（Lucite）： 杜邦公司于1941年获得专利的热塑性丙烯酸树脂（强塑料）；有机玻璃具有1.19的比重和透明等特性。由于其透明性质，它很容易着色，更有趣的是，它混有亮片或其他小片材料，它被称为"五彩有机玻璃"。

马耳他十字架（Maltese cross）： 长度相等的四臂交叉；每个臂越长，它离中心越远。

宽手镯（Manchette）： 宽手镯锥形成袖子的形状。

榄尖形切工（Marquise cut）： 细长的切口，从面上的椭圆形削减到一个点，类似水雷形琢型（见下文），但稍圆。

马丁长度（Matinée length）： 长度为56~58厘米的单链项链。

金属镶嵌（Metal inlay）： 将金属片或金属丝嵌入在一件已完成的金属表面上的凹陷或沟槽。

种子式镶嵌（Millegrain setting）： 用金属制成的小珠固定宝石。

镜面抛光（Mirror finish）： 无明显磨损图案的高反射面。通过胭脂、棉布和绒布抛光轮实现。

莫氏硬度（Mohs scale）： 在19世纪初形成的对比图。它告诉我们与其他矿物作对比的矿石的硬度值——在购买或存储宝石方面有很大的用处。

珍珠母（Mother-of-pearl）： 坚硬，光滑，刮掉珠光里面的鲍鱼、贝类片等，用作镶嵌。

水雷形（Navette）： 两端尖的椭圆形宝石。

水雷形琢型（Navette cut）： 椭圆形、锥形的切割方式，跟马眼形切割类似，但更加纤细。

随性吊坠（Négligée）： 项链吊坠上挂着两个不均匀的水滴。

镍黄铜（Nickel silver）： 也被称为"德国银"，该合金实际上不含银，主要成分是铜，还含有大约20%的镍和20%的锌。

蛋白光（Opalescence）： 因蛋白石的外观而得名，此材料在透射光中呈现泛黄的红色，在散射光中呈现蓝色。

开背式（Open-backed）： 应用于宝石上的一种镶嵌工艺，将宝石放在一个背面开放的金属框架上，这种工艺能通过更多光线。

加长项链（Opera length）： 长度为76~89厘米的单链项链；悬挂至胸骨。

锌青铜（Ormolu）： 指镀金青铜或黄铜支架。

圆坠型（Pampille）： 一排用关节扣连接的带刻度宝石，逐步变细直至成为一点。

珠宝套系（Parure）： 一整套搭配好的首饰，通常指一个胸针、项链、耳环和手镯或者更多。全套首饰的一部分称为少件首饰。

玻璃质混合物（Paste）： 使切割精美的玻璃石看起来像一个纯天然的钻石。

玻璃仿造宝石（Paste diamantés）： 玻璃仿造宝石制作精美，由优质水晶切割而成，可打开，也可用箔纸包裹。

铜绿（Patina）：金属表面经过磨损、腐蚀或氧化形成的化学膜；金属加工中工人们会专门添加。

密镶宝石（Pavé）：镶嵌宝石的方法，尽可能使多个小石头紧密结合。较好的作品会采用一个爪的设置。

密镶宝石切割（Pavé cut）：使宝石或钻石精准紧密的结合在一起，产生彩色区域。

亭面（Pavilion）：宝石的下半部分。

梨形琢型（Pendeloque）：梨形宝石切割，或梨形的耳坠，挂在一个圆形或弓形的镶托上。

有瑕钻（Piqué）：金或银镶嵌设计图案（刺）。通常是一种金刚石包裹体。

镂花珐琅工艺（Plique-à-jour）：指半透明的珐琅技术，拥有彩色玻璃的外观。

公主长度（Princess length）：长为45厘米的单链项链。

爪镶（Prong）：一系列的金属尖头紧抓石头边的镶托。优质的莱茵石珠宝使用爪镶工艺而非用胶粘合。

压花（Repoussé）：法语的"反击"，压花是压制或锤击金属表面或内部重新创建浮雕图案的技术。

网纹（Reticulation）：金属表面粗糙或有皱纹的质地，自然形成的外观。也被称为通过熔化使金表面变粗糙的工艺，这个过程是由俄罗斯艺术家如法贝热推广。

莱茵石（Rhinestones）：刻磨玻璃石通常是小而圆的，用箔包裹，以增加他们的反射率和火花。水钻可作为仿钻石。

宝石项链（Rivière）：用有刻度的宝石或钻石逐步上升排列成的项链。

圆板型（Rondelle）：通常是由两个圆盘组成，经常用莱茵石装饰他们的外边缘——香奈儿在更精细的项链中使用它作为装饰垫片。

玫瑰型切工（Rose cut）：玫瑰式切割钻石的这种标准，也被称为荷兰玫瑰切割，有24个三角面：在顶部汇聚成一点的6个星面和18个交叉面。

玫瑰花补偿型（Rose recoupée）：以玫瑰型切割为基础的切割钻石的风格（或其他透明宝石），但有12个基础面，36个面被切成水平的两行。

玫瑰梦缇（Rose montee）：预安装在打孔金属杯上的莱茵石。

长项链（Sautoir）：珠子或珍珠长项链，常以流苏收尾，20世纪20年代非常流行。

开片（Sawing）：在20世纪早期开发的技术，用于切割和刻面之前分割毛坯钻石。

勒光游彩（Schiller）：在拉长石和月光石上发现的彩虹色斑点。

滚动条（Scroll piece）：在制造耳环耳洞过程中使用的成分，它通过连接到针使耳环连接到耳朵。又称"蝴蝶"。

米珠（Seed pearl）：非常小的圆形珍珠。

戒指腿（Shank）：环绕手指的戒指的一部分。

钢砂（Shot ball）：将小球融合到金属的表面，以创建一个图案或设计，并添加纹理。

蛇环链（Snake link chain）：由波浪形金属板连接起来的管状链条。

合金焊料（Solder）：易熔合金（金焊料：金和低熔点金属）熔点低于450℃（840℉），熔化后用于黏合两种金属表面。

阶梯切割（步骤cut）：宝石行业术语，指的是长方形切割，切面平行于宝石边缘，呈现"阶梯"状效果，宝石顶部为平面。

标准纯银（Sterling silver）：925份纯银和75份铜的合金。

别针（Sûreté）：也称为棘轮或胸针，这是一个用针和按扣组成的固定装置。

减省切割（Taille d'epargne）：珐琅技术，将草图或浅槽刻进金属，然后填充不透明的黑色、蓝色或红色的搪瓷。

宝冠（Tiara）：源于波斯，是一种插花或镶宝石的装饰性头带，在特殊场合佩戴于头发前。

蒂芙尼安装（Tiffany mounting）：用四叉头或六叉头的独立宝石抓住钻石。柄部通常是简单而狭窄的。

绳形项链（Torsade）：由几股珠串扭在一起的一种项链，而不是松散挂起。

半透明（Translucent）：允许光通过，但光是分散的。半透明的石头包括月光石、蛋白石、玉髓。

透明（Transparent）：允许光通过不散射，所以有可能看到通过的光。透明宝石包括钻石、蓝宝石、翡翠和红宝石。

长号扣（Trombone clasp）：通常用于领针或胸针，是一个金属扣，从别针背面拉出后释放爪扣。

水果锦囊珠宝（Tutti Frutti）：见"水果沙拉珠宝"。

铜绿（Verdigris）：绿色的铜锈，随着时间的发展应用于服装或珠宝首饰中。它的存在意味着其下的金属受到损伤。

镀金纯银（Vermeil）：用一层黄金镀在标准纯银上，金的质量必须至少10克拉。